JN108242

副業でもOK!

スキルゼロから
3か月で月収10万円

\ いきなり /

Web

デザイナー

濱口まさみつ

Masamitsu Hamaguchi

日本実業出版社

副業でWebデザイナーになる

「副業」という言葉がたびたびトレンドになります。

　改めて副業とは、本業がありながら、その他に収入を得るためのサイドビジネスです。インターネットやスマホが普及し、どこでも仕事ができる時代。社会の変化もめまぐるしく、本業だけでは将来的に不安などの理由から、「副業で収入を増やしたい！」と考える人も多いでしょう。

　とはいうものの、「何から始めていいかわからない」とはじめからつまずいてしまう人もいます。副業を始めるために「どこから手をつけて、どんな手段をとれば、どのくらい稼げるのか、全体像がわかればいいな」と思う人もいるかもしれません。

　そんな方のために、本書を書きました。本書はズバリ、「あなたが副業で稼ぐためのロードマップ」がわかる本です。

🖥 おすすめの副業はWebデザイナー

　私がおすすめするのは「いきなりWebデザイナーになってしまおう」という方法です。Webデザイナーは企業や個

人のホームページを制作する職業であり、Web広告やSNS用の画像を作る簡単な仕事から始められます。

　なぜWebデザイナーが副業に適しているのか？

　この問いに答える前に私の簡単なプロフィールをご紹介します。

　私は愛媛県宇和島市に生まれ、岡山県の大学で写真とデザインを学びました。もともと写真に興味があり、写真の表現方法をもっと追求したかったからです。そして大学生のときに、『倉敷フォトミュラル』という写真イベントに携わりました。全国からテーマに沿った写真作品を募り、街中に展示するイベントです。このときに広報用のホームページを作り、Webデザインの可能性に気づきました。

　そこで大学を卒業したあと、ホームページの制作会社に就職しました。4年半ほど下積みをしたのち「もっと好きなことをやりたい」という思いから転職。Webデザインの副業も始め、仕事の幅を広げながらフリーランスとして独立しました。現在ではWeb制作会社を経営しながら、Webデザインを学べるオンラインスクール「AI TECH SCHOOL（エーアイテックスクール）」（https://aitechschool.online/trial/）を運営しています。大学時代の写真イベントでWebサイトを制作した経験が現在のWeb制作会社につながり、学生のときにやっていた家庭教師の経験は「人にものを教

える」原点になっています。デザインの講師としては800人以上の指導経験があり、「ストアカ」や「MENTA」といったオンラインでスキルを学べるプラットフォームでも活動しています。

　日々ホームページの制作やWebデザインを教えながら実感するのは、これからまだまだデザインの仕事には需要があるということです。

　たとえば、ランディングページ（LP）は現在ECサイトで重要視されており、その需要は日々高まっています。LPとはホームページの中で閲覧者が最初に「着地（ランディング）する」ページです。インターネットで商品を販売する際、このページから購入まで、いかにつなげるかがビジネスの肝になっているのです。

　売上に直結する部分なので、多くの企業はこのLPに力を入れます。1つのLPを作って終わりではなく、A案、B案と複数のページを作り、どのページが売上に結びつくかをテストしています。このようなテストを何度も繰り返し、LPを常にブラッシュアップします。ですからその分、Webデザイナーの役割が重要になってくるのです。

　ほかにも1つ1つの商品を紹介するバナーは、それこそ世界中の商品の数だけ必要だと言っても過言ではなく、新商品は毎日数千、数万という単位で生まれているわけです

から、Webデザイナーの需要がなくなる、減るなどということは想像ができません。企業やお店のホームページ、InstagramなどのSNSで訴求するためのサムネイル画像などもあり、Webデザイナーの仕事の守備範囲は広く、需要はまだまだ伸びると考えられます。

【副業でできるWebデザイナーの仕事】

- Web広告やSNS用の画像制作
- ランディングページ（広告ページ）の制作
- コーポレートサイト（企業サイト）の制作
- ECサイト（商品販売サイト）の制作

しかもこの仕事は場所や時間を問いません。

クライアントとの打ち合わせはメールやチャットが基本なので、自分の空いている時間やすきま時間を見つけてやりとりすることが可能です。

もし、ミーティングが必要になってもオンラインで可能ですから、クライアントと時間を合わせて現地に出向く必要はありません。つまり、フルタイムで会社勤めをしていても土日や夜に仕事を請けて作業を進めることは可能ですし、まだ1人で留守番ができない小さなお子さんが家にいても、お子さんのお昼寝中や夜などに仕事ができます。

また、クライアントは日本中にいます。実際私も、北は北海道から南は沖縄まで、日本中にクライアントさんがいらっしゃいます。インターネットを通じて仕事を受けるわけですから、相手がどんなに遠くに住んでいても問題ではないわけです。もちろん、海外のお客さんから受注することも可能です。日本中どころか、世界中にお客さんがいるのです。

　時間や場所の制約にとらわれず、自分のペースで、自分らしく働ける仕事。それがWebデザイナーだと私は実感しています。

　みなさんにも、この素晴らしい仕事で、ぜひ自分らしく働いていただけたらと祈りつつ、本書でその手法を公開します。

2023年3月　濱口まさみつ

目次

はじめに ………………………………………………………………… 3

(1か月目)

目標を決めて、Webデザイン 「これだけスキル」をまなぶ

1週目

副業ロードマップを設計しよう
　　──あなたはどれくらい稼ぎたい？ ………………………… 14

どのくらい稼ぎたいか、目標をはっきりさせる ………………… 19

2週目

マンダラートで「将来の自分」と
「稼ぐ計画」を具体化する …………………………………… 24

3週目

Webデザインに必要なツールをそろえて、
基本のスキルをまなぶ ……………………………………… 35

Webデザインの「これだけスキル」をまなぶ …………………… 40

4週目

模写してトレース作品を3つ作ろう ································ 68

1か月目のおわりに

デザインの基礎①—デザインの4原則 ···················· 91

デザインの基礎②—フォントをまなぼう ················ 98

デザインの基礎③—色の使い方 ····························· 101

1か月目のまとめ ··· 104

体験者の声①

アラフォーで挑戦！　2か月目には月収＋4万円に！
Akoさん（本業：会社員） ·· 105

2か月目 お店をオープン＆ コーディングの基礎をまなぶ

5週目

作品を5つ作ろう ……………………………………………… 108

6週目

ココナラでお店の開店準備をする ……………………… 112

7週目

お店を広める …………………………………………………… 121

案件受注時の「おまかせ」は要注意！ ……………… 125

8週目

コーディングの基礎をまなぶ …………………………… 130

2か月目のまとめ ……………………………………………… 145

体験者の声②

場所にとらわれない働き方を目指して、
月収30万円達成したWebデザイナー
Kenさん（フリーのWebデザイナー・過去には漁師の経験も！） ……… 146

3か月目　ランディングページ制作で もっと稼げる力を身につける

9週目

コーディングを模写する ································· 150

10週目

Figmaを使ってランディングページの
模写をしてみよう ································· 172

11週目

Bootstrapを活用して、
コーディングを効率的に書こう ················· 196

12週目

ランディングページのお店を作る ················· 223

3か月目のまとめ ································· 227

体験者の声③

超忙しいワーママなのに月5万円の収入アップに成功！
Rumiさん（歯科技工士・3歳と1歳の子どものママ）················· 228

番外編

「もっと稼ぎたい」「お客さま対応が苦手」
こんなときどうする?

仕事の広げ方1

「もっと稼ぎたい」なら、
売上を伸ばすテクニックをまなぼう ……………… 232

仕事の広げ方2

チームで仕事を回すことを考える ……………… 236

もっと楽して稼ぎたい!
ならノーコードLPを作ってみる ……………… 238

「わからない!」が多いならスクールに参加する ……………… 250

仕事の広げ方3

「教える」を仕事にしてみよう ……………… 252

装丁：新井大輔（装幀新井）
カバーイラスト：髙栁浩太郎
本文デザイン・DTP：マーリンクレイン
本文イラスト：山田瑠美子
ロードマップ：池田萌絵
企画協力：合同会社DreamMaker
編集協力：齊藤康敏

1か月目

目標を決めて、Webデザイン「これだけスキル」をまなぶ

副業で稼げるようになるには、「いくら稼ぎたいか」の目標設定が重要です。目標を決めたら、まずはバナー制作に必要な基本のWebデザインスキルを身につけましょう

副業ロードマップを設計しよう
──あなたはどれくらい稼ぎたい？

　一言で「副業でWebデザイナーになる」と言っても、一体何をどうすればいいか……と感じる方も多いはずです。私はフルタイムで働きながら勉強し、少しずつ仕事を受け……と独学で始めたのですが、いま思えば無駄も多かったと反省しています。

「副業Webデザイナーを始めたい」というからには、「本業」があるはずです。会社員なのかもしれません。子育て中の主婦かもしれません。学生かもしれません。さまざまな本業があり、その空いている時間に副業として始めたいわけですから、無駄は少ないほうがいいでしょう。

　そこで私は、最初に「副業ロードマップ」で自分のするべきことを俯瞰して把握する方法をおすすめしています。

　16〜17ページに、私が作成した「副業ロードマップ」を掲載します。このロードマップに沿って自分のするべきことをこなしていけば、3か月でデザインの基礎を学びながら、同時に仕事のとり方も学ぶことができます。

デザインの基礎については、簡単なWeb広告の画像制作から始め、広告のランディングページ、企業や個人のホームページのデザインを段階的に学んでいきます。

　つまり、デザインの経験ゼロからでもWebデザイナーとして稼げるようになるロードマップです。

「そんなものを書いてなんの意味があるの？」と思うでしょうか？

　このロードマップの目的はゴールを明確にし、自分に宣言することです。私の運営するオンラインスクールの生徒さんにも最初にこのロードマップを書いてもらうのですが、私のスクールの受講生の、3か月目以降の案件獲得率は100％です（2023年3月現在）。

　自分に対して目標を明確にする。そのことで夢の実現に近づける。ロードマップにはそんな効能があります。

　はじめてロードマップを見る人は稼ぐのは長い道のりで、身につけるスキルがたくさんあると驚くかもしれません。しかし、ご安心ください。1つ1つのステップはハードルが低く、すぐにとり組めるものばかり。「やったことないからわからない」と思いながら、とりあえず手を出してみる。手を出しながら、手を動かしながらスキルを学んでいくのがポイントです。

このロードマップは12週（3か月）で誰でも稼げるように設計されています。必ずしもすべての工程をやる必要はありません。3か月目までの項目すべてをやりきると10万〜30万円稼げるスキルが身につくように作っていますが、自分の目標とする収入が5万円なら、5万円のところまででやめてもOKです。

　たとえるなら、中華料理のコースのようなものです。1万円コース、3万円コース、10万円コースから好きなものを選んで収入の目標を目指せます。副業が軌道に乗って収入が安定すれば、そのまま本職を辞めて独立という選択肢もあります。

- 1万〜3万円コース（バナーを制作する）
- 5万〜10万円コース（バナーをたくさん制作する or ランディングページを制作する）
- 10万〜30万円コース（ランディングページの制作＋コードのスキル）

　あなたは副業でいくら稼ぎたいですか？　具体的な数字を設定することをためらわないでください。明確で客観的な目標があればやる気がみなぎってくるでしょう。

どのくらい稼ぎたいか、
目標をはっきりさせる

💻 「少しでいいから稼いでみたい」なら3万円を目標に

　とりあえず副業で月3万円くらい稼ぎたい人は、バナー制作を学びます。バナーとはWebサイトに表示される画像広告のことです。

HPのトップページのサイドなどに表示される広告画像、SNSでフィードに投稿される広告画像などをバナーと呼びます

化粧品や健康食品など、さまざまな種類の広告を見たことがあると思います。画像をクリックするとリンク先には商品を購入できるホームページがあります。このバナー画像の制作はWebデザイナーとして仕事をするために入門的なお仕事です。比較的手軽に作れ、デザインを使って情報を伝える練習になります。1万円くらいのお小遣いを稼ぎをする気持ちでバナー制作のスキルを身につけましょう。

🖥 「少し頑張って、自由に使えるお金を増やしたい」なら 5万〜10万円を目標に

　自由に使えるお金を増やしたい。生活の足しにしたい。子どもの学費が必要……などのはっきりした目的がある場合は、月に5万円から10万円の副収入が必要になるでしょう。5万〜10万円を目指したい人はバナー製作に加え、ランディングページにも挑戦しましょう。

　ランディングページはスマホやパソコンで見る広告用のWebサイトです。といっても、AmazonやNetflixのような複雑なサイトではありません。複数の画像やテキストのかたまりをレイアウトして作るシンプルなものです。

ランディングページを作るために
は基本的なコードの知識が必要で
す。

　コードとはWebサイトを構成し
ている言語のことです。ハリウッド
映画でシステムに侵入しようとする
ハッカーがキーボードに入力して
いるアレです。英数字、カッコやス
ラッシュなどの記号で構成され、数
式のような意味をもっています。

　とっつきにくそうですが、心配は
いりません！　コードには"文法"
のようなルールがあり、そのルール
はネット検索で誰でも知ることが可
能です。最初のうちは見慣れない文
法にとまどうこともあるかもしれま
せんが、検索方法についても本書で
お伝えしますし、慣れてしまえば抵
抗はなくなります。

　ちなみに"文法"は必ずしもすべ
てを覚える必要はありません。意味
がわかればGoogleで調べてコピペ
で対応できる部分もあります。

ランディングページの見本

たとえば、Webサイトの上部には<header>というコードがあります。サイト上には表示されませんがブラウザの設定からコードを見ることができます。

```
<header> テキスト </header>
```

　上記のようにコードが書かれていればWebサイトの上部、ヘッダー部分に「テキスト」という文字が表示されます。基本的には、このようなシンプルなルールでできています。実際のWebサイトでは、テキストのサイズ、色、フォント、画像の配置など、さらに要素が追加され、より長く複雑になっていきます。それでも基本的なルールは同じです。くわしくは後述しますが、ロードマップを見て「コードなんてわからない！」と焦るのは早とちりです。

🖥 「いずれは本業に……」なら10万円以上を目指す

　もし、副業として始めていずれは本業にしたい。そう考えているなら、目標額は月に10万円以上ということになります。本業にするなら、最低でも月に30万円ほどの月収はほしいところです。10万円以上稼ぎたい人はロードマップの完走を目指しましょう。ここまでくるとバナー制作のように気軽にできる仕事だけではありません。

ランディングページの制作に加えて、サイトのデザインやHTMLのコーディングなどの仕事を受けることで、10万円以上、30万円程度の収入も実現できます。もちろん、稼働時間を増やす、引き受ける案件を精査するなどでそれ以上の収入も可能です。

　サイト全体のデザインやHTMLのコーディングもするにはある程度の知識と技術が必要ですが、その分、案件1つ1つの単価が高くなり、副業としての収入が大きくなっていきます。業務委託で仕事を受けたり、知り合いに案件をもらったりするなど、受発注のプラットフォームに頼らず仕事を受けることができるようになれば独立はもう間近です。

💻 Webデザイナーはお小遣い稼ぎから展開できる幅広いビジネス

　このようにWebデザイナーの仕事は、画像制作からホームページの制作・運営まで幅広くあります。画像を作るだけでは単発の仕事で終わってしまいますが、ホームページやSNSの運用を委託されれば継続的な収入を期待できます。ちょっとしたお小遣い稼ぎで始める副業が、ビジネスとして展開できる道につながっているのです。

マンダラートで「将来の自分」と「稼ぐ計画」を具体化する

🖥 目標達成のためのプロセスを整理しよう

1週目で自分の目標金額を設定しました。では、早速その金額を稼ぐためにWebデザインを始めるぞー！　と思うかもしれませんが、待ってください！　まだ焦ってはいけません。

具体的に、いつ何をしたらいいかわかっていますか？

「副業で稼ぐ」とはフルマラソンのようなものです。大きなマラソン大会をテレビで見てみれば、途中でばてて棄権してしまう人や、「優勝候補」と目されていたのに賞レースに絡めなかった人などがいることに気づくはずです。

マラソンで大切なのは、「自分が思った通りのペース配分で完走し、目標の順位に入ること」です。副業もそれと同じで、大切なのは「自分のペースで仕事を軌道に乗せ、目標金額を稼ぐこと」です。

そのためには、自分がどの程度なら副業に時間を割け、

どんなスキルを身につけるべきなのか、「副業で稼ぐための道筋」を明確にすることが大切なのです。

そこでおすすめしたいのがマンダラートです。目標設定に使えるマンダラートで自分が達成したいゴールを設定し、そこから逆算して一歩ずつ歩むことで目標にたどり着く作戦です。

マンダラートは、マンダラチャートや曼荼羅(マンダラ)シートとも呼ばれるフレームワークの一種です。「曼荼羅」は仏教の如来や菩薩がマッピングされている絵画のようなものです。これを模して、碁盤のマス目のようなシートに目標を記入し、その目標ためにどんなアクションをすればいいかを考えるツールです。

たとえば、「副業で毎月10万円を稼ぐ」目標を立てたとしましょう。その目標を3×3のマス目の中央に書きます。そして「目標達成のために何が必要か？」「いつ、どこで何をすればいいか？」「具体的にどんなステップがあるか？」を考えます。中央の目標に対して、具体的な手段をそのまわりに書いていきます。

書く際には、合っているかどうか、間違っているかもしれないと不安になるかもしれません。しかし、気にせず書

稼ぐ ポイントを 増やす	毎日繰り返し PDCAを回す	ココナラで プラチナラン クをとる
バナー制作の 実績を 10以上あげる	副業で10万 毎月稼ぐ	ランディング ページの 作品を作る
ポートフォリ オの作品を 増やす	実績を ココナラで 上げる	モチベーショ ンを保つ

マンダラート見本

いて大丈夫です。自分に宣言するという意味、目標設定の意味があるので、まずは自分がわかる範囲で書き出すことが大切です。

　最初に書いてみたことがどうも違っていたなと感じたら、その都度マンダラートを書き直し、ブラッシュアップしていってください。

　実際に、以下のマンダラートに記入してみましょう。

　記入してみても、マスを埋めた項目が正しいかどうか、不安に感じるかもしれません。

　でもいいのです。このように目標と手段をマッピングすることで、どこに向かっているのか、そのために何をすれ

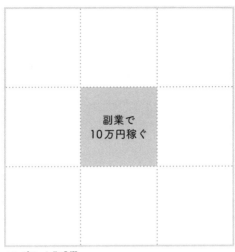

副業で
10万円稼ぐ

マンダラート作成欄

ばいいのかが、視覚的に一目でわかるようになり、それが
大事なことだからです。マンダラートは「目標と手段の見
える化」をサポートしてくれるのです。

　これだけでも頭の中の整理には役立ちますが、目標を達
成するためにはさらに細かくプロセスを考えていきます。
上に書いた長方形の4辺に書かれている8つの手段をさら
に具体化していきます。最終的には9×9のマンダラート
が完成します。

不要な飲み会を減らす	自炊をする	衝動買いを減らす	仕事での地位を上げる	スキルアップをする	人事評価の基準を理解する	世界一周	老後の娯楽	家族サービス
人間関係を洗いなおす	不必要な出費を減らす	固定費を考え直す	朝早く出勤する	稼ぎを増やす	副業スキルを身につける	カメラを買う	100万円で何をしたいか	留学
娯楽を減らす	病気にならない	モノを長く使う	生産性を上げる	読書をする	人望を集める	ダイバーの資格をとる	新しいPCを買う	趣味を極める
甘いものを控える	毎日20分のランニング	駅一駅分歩く	不必要な出費を減らす	稼ぎを増やす	100万円で何をしたいか	スキルアップ	英語力を身につける	資格の勉強を毎日20分する
0時には就寝する	健康でいる	21時以降に食べない	健康でいる	貯金100万円	転職	自分がやりたいことに熱中する	転職	生産性を上げる
自炊をする	コンビニ弁当は食べない	朝6時には起床	評価が高い人物になる	計画遂行能力	モチベーション	確固とした評価軸を持つ	エージェントに相談する	自分の適性を理解する
スキルアップを欠かさない	何事も手を抜かない	相手の意見を尊重する	自分に逃げ道をつくる	期限を決める	計画に優先順位を決める	100万貯めて何をしたいか理解	常に貯蓄を意識する	中間目標の設定とご褒美
状況を即座に理解できる	評価が高い人物になる	感謝の言葉を忘れない	中間目標の設定	計画遂行能力	小さなことから始める	我慢できないときの対処法	モチベーション	あくまで自己実現
主体性を持つ	適切なフィードバック	わからないことを放置しない	10年後の長期的目標の設定	目標を共有する人を探す	途中で投げ出さない	お金を使わない娯楽の発見	無理はしない	未知の体験に期待する

マンダラート

マンダラートのフォーマットは本書の特典サイトからダウンロードできます。メールアドレスを登録して受けとってください。

「副業で毎月10万円を稼ぐ」という目標から出てきた小さな目標に優先順位をつけていけば、自然と今やるべきアクションが見えてきます。マンダラートを使えば、どこから手をつけていいかわからない目標でも小さな行動に分解できるのです。目標を行動に細分化できれば、今何をすべきかをいちいち悩む必要はありません。

　マンダラートを記入するときのポイントは、抽象的な目標を具体的な行動に落とし込むことです。たとえば、「人に感謝する」という目標のためには「何かしてもらったら、必ずありがとうと言う」など、具体的なアクションを記入します。「英語を習得する」であれば「毎日必ず20分、英単語を覚える時間を確保する」と、具体的な勉強プランを記入します。こうすることで目標に対してどんな行動をすればよいかがより明確になります。手を動かしてマス目を埋めながら考えることで、新しいアイデアが浮かびやすいのもマンダラートのメリットです。
　また、マンダラートの欄に空白があっても問題ありません。必ずしもそれぞれの枠、8個の空欄を全部埋めろということではなく、現状、書ける場所を書いてみるだけでいいのです。そうするだけで「いま、私はこれをしなければならない」ということが可視化できる。それが大切です。

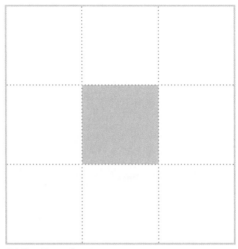

書き込み用マンダラート

🖥 リスト化して優先順位をつける

マンダラートが完成したら、あとはタスクに優先順位をつけて1つ1つを行動に移すだけです。ただ漠然と行動するだけではなく、いつまでに目標を達成するか期限を設けましょう。期限を設けると、締め切り効果で行動のパフォーマンスが上がります。

効率よく目標を達成するには期限を設定するとともに、毎日意識的にPDCAを回していきます。マンダラートで考

えた予定を実行し、検証と改善を繰り返します。

　目標への進捗状況を管理するために日報を書くのもおすすめです。1日の終わりに今日やったことや反省点を振り返り、明日の目標を確認します。

| コラム | タスクを管理するアプリを活用して
毎日のルーティンを改善していこう |

　マンダラチャートから出た目標を日々のタスクに落としていくと、進捗が実感しやすく、継続できる仕組みができます。でも毎日忙しいと、なかなかそういった作業の時間が作りにくいものです。

　そこで、私の生徒さんには、「副業の日報を書いて、振り返りの時間を毎日少しでもとりましょう」とお伝えしています。副業の学習をしてよかったこと、問題点、それを直すにはどうしたらいいか……それを考えるようにすると、次の日の時間の使い方が変わってきます。

　日報作成におすすめの文章管理ツールがNotionです。

　Notionは作業やプロジェクトの管理、メモ、タスク管理、データベース管理など、さまざまな機能を提供するクラウドベースの統合型生産性ツールです。1つのアプリケーション内で複数のツールを利用することができ、さまざ

まな活動を統合的に管理できます。

Notion

https://www.notion.so/ja-jp/product

Notionを使った管理方法

　まず、1週目で作成したマンダラシートから目標とto do リストを作ってみましょう。

　最初にNotionにアカウントを作成し、ログインします。といっても簡単でGoogleのログインを使えば作成できます。ログインできたら、英語表記になってしまっている人は、左上のメニューボタン（ハンバーガーボタン）からsetting→language & refionを選択し、日本語を選択すると赤色のupdateボタンが出るので、更新しましょう。

　次に、メニュー欄の下から3番のテンプレートから好きなテンプレートを選んでみましょう。左側のカテゴリー欄から目的別にテンプレートを選ぶことができます。今回は私が使っているライフwikiという「暮らし・生活」カテゴリーの中にあるテンプレートを使用します。ライフwikiのテンプレートは習慣、家計簿、目標管理、旅行計画などの文書を管理できます。好きなものを選んでいいのですが、

今回は「成長カテゴリ」の「目標管理」を使っていきます。

目標管理表の例

このように、ボードに目標やタスクを並べていきます。

次に、対応中（これから対応する）の欄に直近の目標や
タスクを優先順位順に並べます。毎日このリストを見なが
ら、優先順位の高いところからとり組みましょう。小さい
タスクを最初に持ってくると行動しやすくなるので、目標
も細かく細分化してリストに並べるといいでしょう。

Notionのいいところが、このリストの目標1つ1つがファ
イルになっているところです。

リスト項目をクリック
すると中に文章が
書けるようになって
います。メモを置い
たり、タスクを分解
してto doリストに
することもできます。

また、見出し項目や to do リスト、エクセルのような表を呼び出したりする場合、テキスト入力時に「/」を打つといろいろなフォーマットが出てきます。

　日報というと会社のようで嫌だと感じるかもしれません。しかし、習慣化は、小さいステップからとり組むことがコツです。いきなり「バナーを作る」と決めてもとりかかれないかもしれませんが、タスクを分解し、「今日は画像を集める」「今日は Photoshop を触る」と決めておけば、気軽に始めることができます。大きなタスクを小さく分解するのです。

　こう書いていますが、私自身、なかなかとりかかれなかったりするときもあります。そんな私がいつも使っている日報のフォーマットを用意しました。以下の QR コードから受けとってください。

3/6 日報

課題：マンダラシートに出した目標を Notion の目標管理表に記入して、優先順位が高い順番に並べてみよう

Webデザインに必要なツールを
そろえて、基本のスキルをまなぶ

　ロードマップの3週目は、いよいよデザインの実践に入っていきます。まずはデザインに必要なツールをそろえます。「弘法筆を選ばず」と言いますが、それは書の達人の弘法大師だからこそ。普通の人間はしっかりと正しい道具選びをしましょう。

　とはいえ、Webデザイナーは極端な話、パソコンとデザイン用のソフトがあれば仕事ができます。初期投資の少なさは、副業としてWebデザイナーを選ぶ大きなメリットの1つです。

　パソコンについては、家にあるパソコンでかまいません。「持っていない」「スマホやタブレットしかない」という方は、それでは作業が難しくなってしまうので、1台購入していただきたいところです。

　お金がなくてとにかく安く抑えたくても、最低限、Photoshop などAdobeのソフトがサクサク動くことを基準にしましょう。

ちなみに、Photoshopという写真を加工したり、デザインしたりできるソフトがWebデザイナーの基本装備になります。PhotoshopはAdobeという企業が発売していて、Adobeはデザインに使用するソフトをたくさん作っている、デザイナー御用達企業と言えます。書類を開くときに誰もが1度は使ったことがあるAcrobatリーダーなどもAdobeのソフトですね。

　パソコンのスペックが低すぎると、画像処理が遅くなってしまったり、重大データを開いて編集すると固まってしまったりするので、時間がかかってしまいます。小さなことですが、意外とこれがストレスです。サッと開いて、気軽に作業できれば、作品作りもサクサク進みます。

　もし、パソコンは長く使うものなのでしっかりしたものを買っておこうという気持ちがあれば、おすすめはやはりApple社のパソコン、Macです。多少値は張りますが、デザインやWebの業界ではMacを利用する人が多くいます。

　Adobeをはじめ、Webデザインに必要な大体のアプリに対応していて、スペックとしても申し分ありません。また、Appleの場合は購入時にローンを組むこともできます。学生や、クレジットカードを持っていない新社会人の方などでも審査次第でローンを組むことは可能なので、検討してみるのもよいでしょう。

🖥 有料ソフトはハードルが高ければ無料アプリも

　パソコンが用意できたら、次はソフト（アプリケーション・アプリ）です。

　デザイン用のソフトを触ったことがない人、続けられるかどうかわからないのでいきなりPhotoshopはハードルが高いという人は、Figmaという無料のアプリケーションから試すのもおすすめです。

Figma
https://www.figma.com/ja/

　Figmaはなんと言っても無料で始められるという強みがあります。Figmaから始めれば途中で挫折しても金銭的にも精神的にもノーダメージです。とりあえずデザインソフトを触ってみましょう（Figmaの使い方はp172で説明しています）。

「デザインの勉強をするんだ」と気を張る必要はありません。子どもの頃には誰しもお絵描きや塗り絵が大好きでした。それなのに大人になるにつれ、その楽しみを忘れてしまいます。うまい下手の価値基準を離れてデザインを楽しんでみましょう。

Photoshop と Figma の違い

	Photoshop	Figma
動作	△（重い）	◎（軽い）
写真の切り抜き・加工	◎（得意）	○（できる）
デザインツール	◎（豊富）	△（最低限）
大量のページの作成	△（苦手）	◎（得意）
機能	◎（豊富）	△（最低限）
複数人での作業	△（向いていない）	◎（向いている）
金額	月額1000円〜	無料（有料機能も）

Photoshopは機能が豊富でデザインに特化しており、その分動作は重いです。
Figmaは無料で始められますが機能的にはPhotoshopに劣る部分も。
デザイナーとしてやっていくなら、Photoshopはマストです。

　デザインソフトに慣れている人、本腰を入れてデザインを学びたい人はAdobeの有料ソフトを利用しましょう。本書ではPhotoshopをおすすめしています（p40から説明します）。

　Photoshopのフォトプランは月額1000円から始められ、画像編集ソフトはデザイナーにとって必須のスキルです。本書で副業の最初のステップとしてお教えするバナー制作も、要するに画像編集です。

　無料ソフトだけでもデザインできますが、有料ソフトには追加機能や細かなサービスがあります。

「かゆいところに手が届く」のが有料のいいところなので、Photoshopのフォトプランに申し込むところから始めるのは、とてもよい方法です。

Webデザインの
「これだけスキル」をまなぶ

　いよいよ3週目では、Webデザイナーになるにあたって知っておくべきPhotoshopの基本スキルを学びます。Webデザイナーとして稼ぐ第一歩はバナー製作です。そしてバナーを制作するためには、Photoshopで新規ファイルを開き、見本や参考になるバナーをコピー＆ペーストとして、トレースする必要があります。

　次の4週目から「バナーの模写」訓練を始めますが、この訓練では、お手本のバナーをトレースし、自分が集めた素材をお手本のように切り抜き、配置して、文字を載せて、という練習を繰り返します。バナー制作の手順は、すべての画像編集に通じる手法が詰まっています。YouTubeなどのサムネイルはバナーより横長、LPはバナーよりもっと縦に長いと、大雑把に言ってしまえばサイズの違いであって、画像編集をすることに変わりはありません。

　つまり、「バナー制作のための基本手順」が、Webデザイナーとして働いていくための最低限にして基本、これだけ身につけておけば大丈夫なスキルなのです。

手順1：ファイルを新規作成する

❶ 新規ファイルを作成

ファイル欄を開いて「新規」を選び、新規作成を開始します。

❷ ドキュメントのサイズを設定する

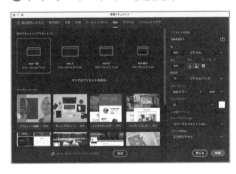

スマートフォンで表示するバナーならこのサイズ、YouTube動画のサムネイルならこのサイズなど、作りたいものによって、ファイルのサイズを設定します。

　ドキュメントプリセット欄はWebを選び、右側にドキュメントのサイズ等を入れていきます。

今回の製作物のサイズは次のようにするとします。

●幅：600　　　　●高さ：330　　　　●解像度：72dpi

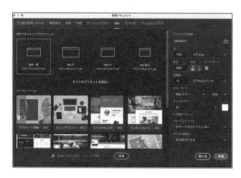

しかし、デザインする際は大きめのデータ（今回は2倍）で作成して、書き出すときに上記の設定にします。そこで、最初に設定するサイズは次のようにします。

●幅：1200
●高さ：660
●解像度：72dpi
●RGBカラー

こう設定することで、画面上に白い画面が現れます。この白い画面を「アートボード」と言います。絵を描くときのキャンバスにあたる存在がPhotoshopにおけるアートボードです。

❸ アートボードを複製する

アートボードは複数開くことができるので、見本のバナーをもう1つのアートボードで開いておきます。

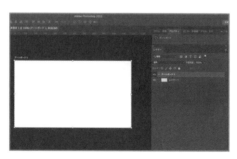

ウィンドウ欄を開き、「アートボード1」を右クリックか、Macでタッチパッドを使っているなら2本指でタップします。または「control＋クリック」でも同じ動作ができます。

そうすると「アートボードを複製」が選べますので選択します。

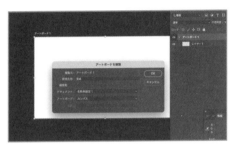

次に複製したアートボードの名前を決めます。「見本」など、簡単な名前で大丈夫です。

❹ 見本バナーを配置する

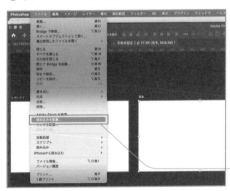

次に、見本バナーを見本アートボードに配置します。

ファイル欄から「埋め込み配置」を選びます。

見本画像を拡大してアートボードに合わせます。

上部に表示されるWとHは縦横比です。WとHの値は固定しておきたいので、2つの欄の間に表示される鎖マークをオンにしておいてください。していない場合、縦横比が変わってしまうので注意しましょう。

　ちなみに「shift」を押しながら、画像を拡大することでも縦横比は固定できます）。今回は200%の値で配置しました。

❺ ツールバーをWeb用の設定にする

「ウィンドウ」→「ワークスペース」を開き、「グラフィックとWeb」にチェックが入っている状態にしてください。

見本アートボード上にレイヤーを作る

まず、移動ツールでアートボードを移動します。移動ツールに切り替えて自動選択にチェックを入れます。

「見本」という文字の部分をクリックしながらドラッグ。左の見本を見ながらアートボード上に制作していきます。

　ただ、最初のうちは見ながら作れと言われても、サイズ感もいまいちわからないかもしれません。

　その場合は、見本アートボードを複製して、その上にレイヤーを重ねて制作する方法がおすすめです。

　ちなみにレイヤーとは「層」のこと。レイヤーを重ねることでミルフィーユのように、見本層の上に新規層を重ね、なぞり書き

をするようにして制作できます。

移動ツールで見本の
アートボードを選択して、
alt（Macはoption）
キーを押しながら移動
すると複製できます。

このとき、見本のレイ
ヤーの塗りを30%くら
いに設定して、透ける
ようにしておきましょう
（位置の目安に使いま
す）。

見本のレイヤーの上
に、新規レイヤーを作
成します。

そうすると、選択した
レイヤーの上に透明
なレイヤーができま
す。

ここまでで、自分のデザインを始めるための準備が完了です。

　お手本画像の文字の位置に、まず、テキストツールで文字を入力してみましょう。テキストを入力しやすいように画面を拡大しておくといいですね。拡大はスペースバー＋Ctrlクリックで可能です。

❶ ツールバーから横書き文字ツールを選択

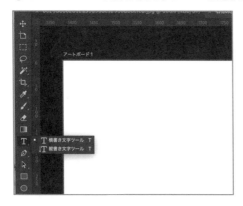

文字入力をするには、横書き文字ツールを選びます。

上部オプションのプルダウンから文字のフォントの種類、文字サイズ等を選択します。

フォントの種類はいろいろありますが、ここではMacならヒラギノ角ゴシック、Windowsなら游ゴシックあたりを選んでみましょう。

　ウェイト欄は、見出し部分なので、w6にしてください。wの数値が大きいほど太い字体になります。

フォントの大きさは見本に合わせて「48pt」くらいに。
文字の並びは「左揃え」、文字色は黒（カラーコード#222222）。「滑らかに」と表示されている欄は、「滑らかに」「シャープ」を選びます。
アンチエイリアスといって、文字がガタガタになるのを防ぎます。

テキストはクリックか文字範囲をドラッグして、ボックス（文字範囲）を作成して入力します。文字範囲を指定した場合、ボックスの幅で改行されます。

※文字ツールのまま何もないところでクリックすると、文字のレイヤーが勝手に作られてしまいます。

文字の編集が終わったら、確定（○ボタン）を押すか移動ツールなどの他のツールを選択すると確定されます。

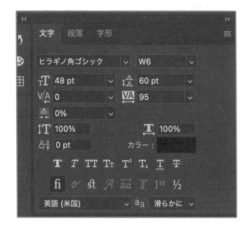

見本の作品を見ながら、文字を打っていきましょう。
文字パレットを見ながら作業すると、文字情報が見られるので、編集しやすいです。

❷ 文字の大きさや色をそろえる

メリットという文字の部分を選択して、文字サイズと色を変更してみましょう。

カラーの四角を選択するとカラーピッカーが現れます。この状態で見本のバナーの色に向けるとスポイトツールになるので、見本の色と同じにしたい場合は、スポイトで抜きとりましょう。

色を自分で選択する場合は、カラーピッカーから選んで色を指定します。

文字の改行位置がそろわない場合は、テキストボックスを大きくしましょう。

❸ 見本レイヤーを非表示にして文字の配置を確認

レイヤーの目玉マークをクリックすると表示、非表示を切り替えられます。

❹ 行間や字間カーニングを調整

行間を変更したい（カーニングといいます）場合は、文字パレットでフォントサイズの隣の数値を変更します。ここでは46ptにしてみます。

行全体をカーニングしたい場合は、一列の行を選択、optionを押しながら◀で詰めます。同様に、optionを押しながら▶で広がります。

カーソルを合わせて上と同様にoptionを押しながら◀▶。
文字全体を選択カーニングしたい場合は、command + A（all）して全体を選択、上と同様にoptionを押しながら◀▶で、1文字ずつカーニングできます。

❺ アンダーラインなど、文字の装飾をする

文字にアンダーラインを引きたい場合は、長方形ツールを選択し、さらにカラーを選択。スポイトで黄色を抽出します。

長方形ツールでメリット、サポート体制の上に長方形を書きます。

レイヤーの順番を変えます。

長方形レイヤーをクリックして、ドラッグ＆ドロップします。こうすると、文字
の下にアンダーラインが引けたようになります。

次に、文字とアンダーラインのレイヤーをグループ化します。

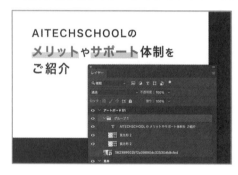

レイヤーパレットでテキストと長方形をまとめて選択し、shiftを押しながらクリック。またはCommand押しながら1つずつ選択します。

Command ＋ G でグループ化です。

　グループ化はレイヤーを整理するのに使います。レイヤーが多くなってくると管理が大変になるので、こまめにグループ化してまとめておきましょう。

見本によく似た画像
をダウンロードして、
デスクトップやフォル
ダなどに保存しておき
ましょう。

　画像を開くときは、「ファイル→開く」で開けます。

❶「被写体選択→マスク」で画像をマスクする

　画像を使える状態にするには、「マスク」する必要があります。
「マスク」は「マスキング」の意味で、切り抜く被写体の範囲を定
める役割があります。

　ただ、画像ファイルを開いた時点ではロックがかかっているの
で、解除しないと編集ができません。

「選択範囲→被写体
選択」を選び、レイヤ
ーのロックをクリックし
て外しておきます（鍵
マークが外れた表示
になるはずです）。

　マスクの完成です。

　画像を切り抜く場合は選択して、必ずマスクをしましょう。コピペをするとあとで編集（マスクの調整）ができないので注意します。

❷ 切り抜いた画像を配置

　作成していたアートボードに移動して、切り抜いた画像を配置します。

レイヤーをドラッグして、移動します。上部タブを切り替えて、アートボードまで移動して配置しましょう。

タブを切り替えたときにドロップしない（指を離さない）で、アートボード上でドロップしましょう。

大きさを見本を見ながら、調整します。途中から編集したい場合もCommand＋Tで自由変形できます。
今回はバランスを見て右側に配置のレイアウトで作成します。

手順4：テキストを移動して、配置を整える。

写真に合わせてテキストの位置を調整しましょう。

メインテキストフォルダを選択し、Command＋Tで自由変形できます。
見本を見ながらメインテキストを調整します。次の画像は、見本より文字のウェイト（太さ）を1段階上げています。

　テキストをフォルダ（グループ化）しておくと要素をいっぺんに選択できて、自由変形ができます。移動ツールだとまとめて移動できないので注意が必要です。

手順5：背景画像の配置

　背景の画像を配置します。

　まず、背景画像のファイルを開きます。

　上記の画像は、右側にパソコンやコップなどが配置されていて、このまま使うと、女性の写真とパソコンなどがかぶってしまいますね。しかし、他によい写真がありません。そんなときは、「左右反転」をします。

まず、レイヤーにロックがかかっているので解除します。次に、「編集→変形→水平方向に反転」で反転します。

画像が左右反転しました。

サイズと位置も調整も調整します。

女性の画像を配置したときと同様に「レイヤーを移動」→「アートボードに配置」です。

手前のメインテキストが背景とかぶって見えにくくなるので、背景画像の塗りを調整して、薄くする、あるいは、色調補正をして明るさを上げるなど、文字が目立つよう工夫します。

見本にあった申し込みボタンも作成しておきましょう。バナーにつきもののパーツの1つです。

❶ ボタンの枠を作る

まず、長方形ツールを選択、カラーピッカーを表示します。見本バナーからスポイトでボタン部分の色（赤色）を抽出します。

❷ 背景レイヤーを選択して、新規レイヤーを作成

ガイドを使ってボタンの高さを決めます。ガイドは、定規を表示した状態で、物差しの表示の上からクリックしてドラッグします。

定規表示は、「表示
→ 定規（Command
＋R）」です。縦ライン
のガイドは、左の定規
から、横ラインのガイ
ドは、上の定規から調
整できます。

見本にあった申し込みボタンを作りたい場合は、文字のアンダーラインの
ところで学んだ長方形ツールで作ります。

❸ 画像にボタンパーツを合体

　女性のレイヤーの上に長方形を移動。レイヤー名も画像のよう
に変更しておきます。

ボタン部分の長方形の角に丸みをつけたい場合は、「プロパティパネル
を表示→ウィンドウ→プロパティ」で、写真のように角丸の数値を変えまし
ょう。

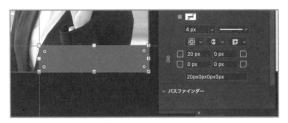

すべての角を丸くする場合、固定の鎖をオンにした状態で数値を入力す
ればOKです。今回は左上だけ角丸にするので、鎖をオフにして、左上の
角だけ20pxにします。

　プロパティパネルでは、図形の調整のほかにテキストを選択す
るとテキストの編集もできます。常に表示させておくと便利です。

❹ テキストを配置

フォント：ヒラギノW6　　　配置：中央揃え
大きさ：40pt　　　カラー：白（#ffffff）

ボタンの背景（長方形）上にテキストを配置します。長方形の上に新規
レイヤーでレイヤーを作成。テキストツールにして、上のように設定しましょ
う。

　ちなみに、カラーは数字やアルファベットの6ケタのコードでも表
示されます。また、白は「#fff」、黒は「#000」でも表示されます。

　あとは文字を入力して、カーニングで調整します。

※テキストツールで編集する際に、違う箇所をクリックすると新しくテキスト
　レイヤーが作られてしまいます。テキストを選択して編集したい場合は点線
　で囲われていない状態でクリックしましょう。テキストレイヤーが増えてし
　まう方が多いです。

　ほかに、バナーにはアイキャッチの吹き出しなどいろいろなパー
ツを組み合わせることができますが、それらの作り方は
Photoshopの本、もしくは本書の特典サイト（p28等に掲載のQR
コードのリンク先です）で見本を配布しています。特典サイトか

ら参加できるコミュニティでは動画も配布予定です。

完成

手順7：画像を書き出し

　このままだとpsd（Photoshop）の生のデザインデータなので、クライアントがデータを開くことができません。納品するときは、規定のサイズで別のファイル形式に書き出して納品します。jpgやpngが望ましいでしょう。

書き出しの仕方は、「ファイル→書き出し→web用に保存」です。
「アートボードを選択」を選んだら、「書き出し形式...」を選択します。

今回はアートボードを複数作っているので、「アートボードを書き出し→レイヤーパネルからアートボードを選択」と、アートボードを選ぶ必要もあります。右クリックか、タッチパネルの人は2本指でクリックすれば書き出したいアートボードを選択できます。

jpg 画質7（max）、画像サイズ600×330px。カンバスサイズ同サイズと、実際のデータのサイズで書き出します。

　Photoshopは CC（クリエイティブクラウド）2020というバージョンからは、レイヤーごとの書き出しやフォルダ（グループ）ごとの書き出しが可能になってます。LP（ランディングページ）やWebサイト用に画像を書き出す場合、書き出したいレイヤーをグループ化して、右クリックで書き出しするとそのまま画像の要素として書き出せます。まとめて選択して書き出すと、一度にWeb用の素材として書き出せるので便利です。

　ちなみにHTMLで画像を表示させるときは、書き出す画像のフォルダ名、レイヤー名を半角英数にしておきましょう。

　きちんとフォルダ分けしておけば、データを他の人が書き出す場合もどこを書き出していいか判別できます。

🖥 よく使うショートカット一覧

　よく使うショートカットをまとめました。参考にしてください。

よく使うショートカット（Mac、Windows共通）
- ⌘ + C …… オブジェクトやテキストのコピー（複製）
- ⌘ + V …… オブジェクトやテキストのペースト
　　　　　　（貼り付け）
- ⌘ + X …… オブジェクトやテキストのカット
　　　　　　（複製ではなく切り抜き）
- ⌘ + A …… オブジェクトやテキスト・選択範囲の全選択
- 矢印キー …… 選択したオブジェクト・テキスト・
　　　　　　選択範囲などを移動（上下左右）
- ⌘ + S …… 保存（上書き保存）
- ⌘ + shift + S ……別名保存
- ⌘ + Z …… 操作のとり消し
- ⌘ + shift + Z ……とりした操作のやり直し

aside Photoshopショートカット集
1. Ctrl + S （Windows）/ Command + S （Mac）
　……保存
2. Ctrl + Z （Windows）/ Command + Z （Mac）
　……元に戻す
3. Ctrl + shift + Z （Windows）/

$\boxed{\text{Command}} + \boxed{\text{shift}} + \boxed{\text{Z}}$（Mac）

　　……元に戻した操作をとり消す

4. $\boxed{\text{Ctrl}} + \boxed{\text{Alt}} + \boxed{\text{Z}}$（Windows）/
$\boxed{\text{Command}} + \boxed{\text{Option}} + \boxed{\text{Z}}$（Mac）

　　……履歴から以前のステップに戻る

5. $\boxed{\text{Ctrl}} + \boxed{\text{J}}$（Windows）/ $\boxed{\text{Command}} + \boxed{\text{J}}$（Mac）

　　……選択したレイヤーを複製する

6. $\boxed{\text{Ctrl}} + \boxed{\text{T}}$（Windows）/ $\boxed{\text{Command}} + \boxed{\text{T}}$（Mac）

　　……オブジェクトを自由変形する

7. $\boxed{\text{Ctrl}} + \boxed{\text{shift}} + \boxed{\text{I}}$（Windows）/
$\boxed{\text{Command}} + \boxed{\text{shift}} + \boxed{\text{I}}$（Mac）

　　……選択範囲を反転する

8. $\boxed{\text{Ctrl}} + \boxed{\text{shift}} + \boxed{\text{Alt}} + \boxed{\text{S}}$（Windows）/
$\boxed{\text{Command}} + \boxed{\text{shift}} + \boxed{\text{Option}} + \boxed{\text{S}}$（Mac）

　　……Web用の保存オプションを表示する

9. $\boxed{\text{Ctrl}} + \boxed{\text{shift}} + \boxed{\text{N}}$（Windows）/
$\boxed{\text{Command}} + \boxed{\text{shift}} + \boxed{\text{N}}$（Mac）

　　……新しいレイヤーを作成する

10. $\boxed{\text{Ctrl}} + \boxed{\text{E}}$（Windows）/
$\boxed{\text{Command}} + \boxed{\text{E}}$（Mac）

　　……選択したレイヤーを結合する

　バナーの完成データを書籍特典ページで配布しています。ぜひダウンロードしてください。

模写してトレース作品を
3つ作ろう

　4週目は実際にデザインソフトを使ってバナーを作ってみましょう。いきなりオリジナルの画像を作るのはハードルが高いので模写から始めます。まずはお手本にしたい好きなバナーをネットで探していきます。バナーはあくまでも広告なので、ホームページに表示されている魅力を感じる広告を参考にするのもよいでしょう。

この見本を模写していきましょう

2か月目に入ったらバナー制作の集客ができるスキルシェアサービスの「ココナラ」に自分の店をオープンします。

ココナラ
　https://coconala.com/

　このプラットフォームを使えば「バナー画像を3枚5000円で作成します！」と案件の受注が手軽にできます。そこに出店するときに「自分はこんな画像を作成できます」「私はこんな作風が得意です」と自分の作品をプロフィールで紹介できます。いわゆるデザイナーのポートフォリオ（作品集、制作実績）です。

　そのため、デザインの練習をしながら同時に自分の作品のストックを増やしていきましょう。ただ漫然と模写をするのではなく、「ココナラに表示されて他人に見られる」という意識があったほうがやりがいが出ます。「アートは自己表現、デザインは他者表現」という言葉があるように、作品を作るときは他人の目を意識してみましょう。

　では、模写とはどうやるのか？　3週目で学んだ「切り抜く」「配置する」「トレースする」を使ってお手本を真似していきましょう。

まずは模写していくバナーをWebサイトから探してみましょう。

　3週目で説明した部分は省きつつ、模写のやり方を簡単に説明します。

🖥 模写するバナーを探す

　まず、模写するバナーを探します。次のサイトがおすすめです。

●バナー画像を探すのにおすすめのサイト

Pinterest

　自分の気に入った画像をストックできるサイトで、スクラップブックのように管理することができます。

https://www.pinterest.jp/#top

バナーデザインギャラリー

　カテゴリが分かれていて、ジャンルごとに検索がしやすいのが特徴です。

Bannnner.com

https://bannnner.com/

素材を探す

　模写したいバナーを見つけたら、必要な画像素材を探し
てきます。次のサイトが便利です。

　Adobe の素材サイトで、Adobe の会員登録しておけば3
億点以上の高品質な素材をダウンロードできます。無料素
材もたくさんあり、検索機能も便利なので使いやすくて重
宝します。正直これだけで十分ですが、有料会員だとさら
にクオリティの高い素材がダウンロードできるので、「い
い素材が見つからない」「探すのに時間がかかる」と悩んで
いる方にぴったりです。
　見本の女性の素材は、こちらで探してきました。

Unsplash

海外のサイトで、特に風景や花などの自然
素材を探すときに便利です。無料素材のサイ
トなので広告以外ダウンロードできます。

https://unsplash.com/ja

　こちらも高品質でたくさんの素材がダウンロードできます。フリーでこれだけ大量にダウンロードできるのは、このサイトくらいです。ただ写真中心なのでグラフィックの素材がダウンロードできないことと、海外のサービスのため人物がほとんど外国人というのが注意したいポイントです。海外の壮大な自然の風景とクリエイターが撮る写真は、見るだけでも刺激を受けます。

　画像を探す際に注意したいのが画像のサイズです。実際のお仕事で画像を制作する場合、最終的に画像として書き出すサイズによって、解像度を決めていく必要があります。

　3週目でも少し説明しましたが、私は実際に作る画像サイズより大きめのサイズで作ることを推奨しています。

　なぜかというと納品サイズで作っていて、サイズを大きめに変更してほしいと言われたり、デバイス（スマホ、タブレット）の画質によって高解像度の画面で写したときに

鮮明に画像が映らなかったりするからです。

　特に300×250pxくらいの小さいサイズのバナーの場合
は、倍の大きさの600×500のサイズで作っています。

　ただし、ランディングページなどのサイトの画像で大き
いものを倍のサイズで作成してしまうとファイルサイズが
重くなり、作業がしづらかったりするので、2000pxくらい
の横幅を上限にするのがよいでしょう。

　多くの場合は解像度を72dpi（一般的なスクリーン解像
度）にして画像幅を600pxにし、高さをそれに合わせて変
更しています。

🖥 画像の配置と切り抜き

3週目で説明したやり方で、画像をマスクして切り抜き、配置していきます。
配置したら、大きさを調整するために画像の四方にある、正方形のカーソルをドラッグして拡大または縮小していきます。

　3週目でも説明した通り、サイズ調整のときはWとHの
間の鎖マークをロックすることをお忘れなく（p44参照）。

縦横比をロックするボタンで外した状態で大きくすると縦横比が狂ってしまうので注意が必要です。

　背景を配置したら、次に人物の画像を切り抜いて配置します。

　Macを使用している方は、ファイルをPhotoshopのアイコン（dock）にドラッグアンドドロップすることでも別タブで開くはずです。背景の切り抜きは細かい作業もある場合もあるので、別タブで開いたほうがよいかと思います。

　ちなみに背景のレイヤー（レイヤー0）を選択した状態でレイヤーパネルの下の真ん中のほうにある、カメラのようなボタン（レイヤーマスクの追加）があるのでそこをクリックしてみましょう。

　すると背景が透明（格子柄）になります。レイヤーの画像の隣にマスクレイヤーが出ているはずです。このようにして選択範囲を作ります。

　他にも選択範囲を作るツールがPhotoshopにはいっぱいあります。

●そのほかの選択範囲の機能

> 1.矩形選択ツール：矩形選択ツールは、四角形の選択範囲を作成するための基本的なツールです。Shiftキーを押しながらドラッグすると正方形を選択することができます。

2. 楕円選択ツール：楕円選択ツールは、円形や楕円形の選択範囲を作成するためのツールです。Shift キーを押しながらドラッグすると正円を選択することができます。

3. マジックワンドツール：マジックワンドツールは、同じ色や色相の領域を選択するためのツールです。クリックすると、クリックした場所と同じ色や色相の領域が選択されます。

4. リアルタイム選択ツール：リアルタイム選択ツールは、描画した輪郭に沿って自動的に選択範囲を作成するためのツールです。ツールを選択して描画を始めると、描画に従って選択範囲が作成されます。

5. マスクモード：マスクモードは、選択範囲を作成したあと、その選択範囲を利用して画像の一部を非表示にすることができる機能です。マスクを作成すると、選択範囲内の画像は表示され、選択範囲外の画像は非表示になります。

選択ツールの表示画面

●コピペではなくマスクをする理由

「マスクじゃなくてコピペじゃダメなの？」と思うかもしれません。Photoshopの画像合成において、マスク機能は欠かせない機能です。もちろん、選択範囲を作ったあとコピペで画像を配置することもできます。ただ、背景の画像情報がなくなってしまうため、切り抜いた画像の編集ができなくなります。それを防ぐのがマスク機能です。

　マスクは切り抜くのではなく、3週目で説明したよう「マスキング」のマスクなので、見えないように隠しています。つまり、マスクレイヤーというレイヤーを作っている状態です。レイヤーがあると、消しすぎたところを復元することが可能です。またその逆もできます。消えた画像情報を残しておきながらマスクを被せているので、マスクのコントロールで切り抜き範囲もコントロールができます。マスクレイヤーは画像だけでなく、文字や図形、色を調整するレイヤーにも使えるので、慣れてくると高度な画像合成や範囲を指定した色調の補正ができます。

🖥 テキストを入れてみよう。

　3週目ではテキストを先に配置しましたが、順番はテキストが先でも、写真が先でもどちらでもよいのです。自分がやりやすい順番で構いません。模写の場合、まず模写し

たいバナー、それから似た画像と、画像探しを先にするほうが自然なので、画像から説明しました。

　テキストは、テキストツールを使って入れます。注意点は、レイヤーパネルから新規レイヤー追加ボタン（ゴミ箱ボタンの隣）を押して新しく透明なレイヤーを作成することです。そうしたら左側のツールバーからTのマークのテキストツールを選択して文字を入力していきます。

　新規レイヤーを作らずにテキストツールで文字を追加することも可能ですが、最初のうちは新規レイヤーを作成してから新しいテキストや図形などを追加していきましょう。違うレイヤーを編集してしまって文字や色が変わってしまうことがよくありますので、面倒でも慣れるまではそうしてください。

一旦、全文「挑戦しない人生はつまらない」と入力してから大きさの調整をしていきます。それから文字のカーニングと行送りの調整をしていきます。やり方に迷ったら3週目の説明に立ち返ってみてください。

　文字の大きさは、見本を見ながら大体の幅と高さがそろうとOKです。

飾りつけをし、バランスを整える

お手本のバナーをもう一度見てみましょう。

お手本のバナー

　文字に斜体がかかっていたり、全体が傾いたりしたり、文字が白抜きなのがわかるはずです。このように、文字に飾りをつけたり、バランスを整えたりして仕上げていきます。

　文字の斜体は文字パレットの下のほう、Ｔのマークが並んでいる左から2番目のボタン。こちらをテキストのレイヤーを選択した状態で押すと斜体になります。

文字の斜体を設定する

　テキスト全体を右上斜めに変形するには、「自由変形モード⌘＋T」です。このショートカットは覚えましょう。

　自由変形は、通常は全体の大きさを変えるものですが、斜めに変形して歪ませることもできます。自由変形モードにして、バウンディングボックスの右下を「command⌘」を押しながらクリックして上にドラッグすると、斜めに変形することができます。commandを押していると矢印が白い矢印になると思います。これで個別の点をずらして変形ができます。見本を見ながら角度を調整できたらEnterで確定しましょう。

　紺色の部分は長方形ツールで作ります。くわしい作り方は3週目で紹介しています（p53）。見本がある場合は、大体の位置をガイドを使って目印をつけておくのですが、ガ

イドの使い方も3週目で紹介しました。

定規の表示をする

　ガイドはややこしいので、もう1度簡単に説明すると、ガイドは定規の表示をしてから出していきます。表示→定規でチェックがついた状態にすると上と左に定規のメモリがつきます。大体の長さを測るのにも便利です。

　ガイドが引けたら長方形ツールで帯を描いてみましょう。長方形ツールを選択すると上のオプションに塗りと線の設定が選択できます。

　塗りの左隣の欄はシェイプにしておきます。パスにすると塗りと線が入らなくなります。

　塗りの色を選択すると色が選べる画面が出るので、右上のカラーピッカー（虹色のマーク）をクリックします。カラーピッカーの画面が出た状態で、そのまま見本の紺色のところまで持っていくとスポイトのマークの表示になるの

で、そのままクリックして色を抜き出しましょう。

　カラーピッカーを出した状態で画面の外に出るとスポイトツールに変わります。そうするとPhotoshopの画面内であればどこの色でも抜き出せます。これは文字色のカラーや境界線の色の選択も同様に使えるので、覚えておきましょう。

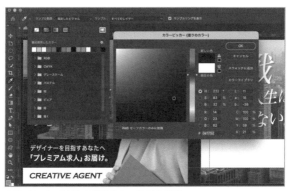

カラーピッカーを出した状態からスポイトを表示

　塗りを紺色にしたら、線のところは斜線マークにして、表示させないようにします。

　この状態で、新規レイヤーを作って帯をガイドに沿って描いてみましょう。一旦新規レイヤーを作って、白を選択して書きましょう。元は紺色なのですが、紺色を白色に上書きしてしまうので、なるべく新規レイヤーを作ってから新しいレイヤーを作りましょう。

次に帯の上に新規レイヤーを追加して、テキストツールで文字を入れ
ていきます。文字はこれまでと同じ要領で入れていきます。

●レイヤー効果と色調補正

　キャッチコピーが見えるように、テキストにレイヤー効
果を加えて、背景の色も調整していきます。

キャッチコピーにレイヤー効果のドロップシャドーを加えて文字を浮かび
上がらせます。
テキストのレイヤーを選択した状態で、レイヤーパレットのマスクボタンの
左隣にfxマークのアイコンメニューがあるのでそれをクリックしてドロップ
シャドーの項目を選びます。レイヤースタイルのウィンドウが出てくるので、
ドロップシャドウの設定をしていきます。

紙面の関係でくわしくは説明しませんが、斜め左45度から光が当たっているような感じで、距離は近くて文字がくっきり入るように薄くシャドウを入れております。各項目の数値等は次のようになります。

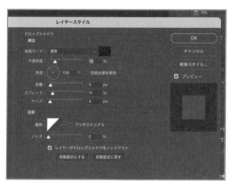

各項目の数値

　レイヤー効果を使うと、さまざまなデザインを加えることができます。以下に私がよく使うレイヤー効果を紹介します。

●レイヤー効果一覧

　1.ドロップシャドウ：文字や図形に影を落として立体感を出したり、背景と分離して文字を際立てて見せるようにできます。よく背景と文字の色の差がなくて、文字が見えづらいときに使用します。

　2.境界線：文字や図形の周りに境界線をつけて縁どることが

できます。長方形ツールなどで線をつけることができますが、レイヤー効果だと太さや色があとで簡単に編集できるので、こちらをよく使います。

3. グラデーションオーバーレイまたはカラーオーバーレイ：文字や図形などにグラデーションをつけたり、色を単色で重ねたりすることができます。描画モードを変えるとレイヤーの色によって様々な色の見せ方ができます。

4. 光彩：ドロップシャドウと似ていますが、外側に逆光を入れたように、色を拡散して入れることができます。いろいろな色で入れることができるので、ドロップシャドウと使い分けて背景と分離させて見せることができます。

5. ベベル・エンボス：立体感を出すために縁をつけたり凹ませたりすることができます。影の深さや光の角度も調整できます。

●背景の画像の色を調整して、女性との遠近感をつける

最後に背景の画像の色を調整します。背景の画像レイヤーを選択して上部メニューから「イメージ」→「色調補正」→「トーンカーブ」を選択します。

女性と背景のビルとの距離感を出して立体感を出していきたければ、背景の画像レイヤーに上部メニュー「フィルター」から「ぼかし（ガウス）」を選んで少しぼかしを加えます。

背景に効果を入れることで全体に立体感が出たり、文字が前面に出てより強くメッセージを出すことができます。

🖥 画像の書き出し

　最後にjpgの画像ファイルに書き出して終了です。このように1つのバナーにいろいろな編集を加えて、1つの作品になっていきます。ランディングページなどのデザインも同じで、いろいろなレイヤーを重ねながら画像のパーツを作成して、書き出してHTML/CSSに配置して表示させていきます。小さな画像が作ることができれば、大きい画像もそれを大きくしたものなので、どんどん応用していろいろな画像を編集して作ってみましょう。

　バナー模写の完成データを書籍特典ページ
で配布しています。ぜひダウンロードしてく
ださい。

コラム | Figmaで参考のバナーを貼りつけて アイデア帳にしてしまおう

　大学の頃、私はデザイン学部でポスターやチラシなどの作品を作るために参考の作品を本などで探して、コピーしてスクラップブックに貼っておきました。

　作品を作る際、何もないところから作品を作ることは難しいです。ですので、参考事例をたくさん探してそれを元にアイデアを考えていきます。

　スクラップブックはアイデア帳です。いつもいいデザインがないかアンテナを立てておき、気になったものがあれば保管していつでも見られるようにしておくとアイデアに困らなくていいでしょう。

　今はパソコン上に画像を保管できるので、フォルダにジャンルごとに分けて保存しておくのがおすすめです。特に私のおすすめは、Figmaというプロトタイプ制作ツールです。

「デザインのこと、よくわからない！」こんなときどうする？

「とりあえず模写をしてみたけど、これがよくできているのかわからない！」。独学でぶち当たる壁の1つに自分の作品を自分で評価できないことがあります。自分のことを客観的に見るなんて、そもそも言葉が矛盾しているしムリです！

そんなときはその道プロからアドバイスをもらえるWebサービスを使うのも1つの手です。アドバイスをもらいたいメンター（相談者、助言者のような人）を探せる「MENTA」（https://menta.work/）というサービスがあります。フォトグラファーやデザイナーなど、特定の分野で活躍している人に質問、相談ができてアドバイスをもらえます。

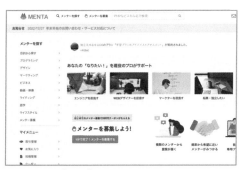

MENTAのトップページ

このようなサービスを積極的に利用して自分の作品を客観的に見てもらいましょう。自分ではよくできたと思っていたのに、意外とまわりの反応が悪い。あまり完成度が高くないと思っていた作品でも、思いのほか、高評価を受ける。このように、自分の評価と他人の評価には大きなギャップがあります。このギャップを埋めながら副業として稼げる作品を作っていきましょう。

　メンターの中には、質問や相談ができるだけではなく、作品の添削をしている人もいます。自分の作品の足りない部分を具体的に指摘してもらえる。それだけでなく、どうすればもっとよくなるのかを提案してくれます。具体的なフィードバックがあれば、PDCAサイクルを回す手助けになります。

　アドバイスだけでなく、Webデザインを本格的に教えるオンラインスクールもたくさんあります。Zoomで手軽にオンラインレッスンを受けることができる「ストアカ」（https://www.street-academy.com/）や「Udemy」（https://www.udemy.com/）のように動画教材で学ぶスクールもあります。ある程度自分で作品を制作してみて「先生に質問しないとわからない！」という人はZoomやLINEで直接質問できるサービスがいいでしょう。教材動画を見るだけである程度理解できるという人は、オンラインコー

スでバリバリ学んだほうが早くスキルが身につきます。

MENTA
https://menta.work/

ストアカ
https://www.street-academy.com/

Udemy
https://www.udemy.com/

🖥 お手本をそのままコピペ、パクリはご法度！

　デザインソフトに慣れてくると、画像の輪郭をトレースしてそのまま自分の作品に応用できることに気づくかもしれません。自分でレイアウトや構成を考える必要がないので便利な方法です。しかしこれは要注意です。クライアントから仕事を受けてバナー画像を作成するときに、他人の画像からのそのまま流用するのはご法度です。「元画像をそのまま利用してるわけではないのだからいいのではない

か」と思うかもしれませんが、ビジネスをする上で許される行為ではありません。

　SNS上で活躍するイラストレーターが著作権のある写真をトレースして商用利用する問題も発生しています。実際にはどこまでがパクリでどこまでが参考なのかというグレーゾーンはありますが、非常にリスクのある行為です。もちろんデザインの勉強のためにうまい作品を個人的にトレースする分には何の問題もありません。デザインでビジネスをするのなら著作権の意識も高めていきましょう。

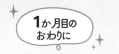

デザインの基礎①
——デザインの4原則

　実際にバナーを作りながら、デザインの基礎を学んでおくと、デザイナーとしての仕事はずっとやりやすくなります。

　4週目までの課題を終えて余力があれば、ぜひ、デザインを基礎を学んでおきましょう。「デザインの4原則」「フォントの基本」「色の基本」を知っておけば完璧です。

　ここでは、それぞれについてざっくり説明します。4週目の課題までやり終えて疲労困憊なら、ここは読み飛ばしていただいて、今後困ったときに立ち戻っていただいても結構です。

🖥 デザインの4原則

デザインの4原則とは次の4つです。

　①近接
　②整列

③対比

④反復

　この原則を知っていると画像やテキストをレイアウトを
するときに非常に役立ちます。

　あまり聞き慣れない単語かもしれませんが、人間がもの
を考えるときに自然とやっていることです。ですから、「言
われてみればそうかも」と思えるシンプルで簡単なことな
のです。

🖥 「近接」しているのは仲間だから

「近接」とは、関連する要素や似ているものをグループと
してまとめることです。たとえば、「おにぎり、ナポリタ
ン、コーラ、コーヒー、牛丼」という要素があったら、人
間の脳は勝手に「食べ物」と「ドリンク」にカテゴリー別
に分けようとします。この特性をデザインにとり入れ、「食
べ物」と「ドリンク」のまとまりを近づけてレイアウトす
ると、情報が伝わりやすくなります。

①近接 関連する要素を近づけてグループにする

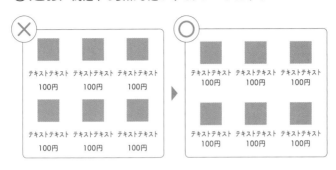

　裏を返せば、位置関係が近い要素は「関係性がある」と認識できるので、視覚的に理解しやすいレイアウトになります。

　たとえば、レストランのメニューは、一品料理、デザート、ドリンクなど、カテゴリーごとに余白をあけて表記されています。バナー広告なら、商品の特徴、お客さんの口コミ、ショップの情報など、要素をカテゴリーに分けて視覚的にわかりやすいように表記しましょう。

💻 きれいに「整列」すれば見た目はスッキリ

　2つ目は「整列」です。これは言葉の通り、デザインの要素をきれいに整列させます。

　素人っぽい印象を与える広告には、テキストが中央揃え

になっているものが多くあります。テキストを何も考えず
に中央揃えにすると、余白がバラバラになってしまいます。
行の頭がそろっていないと、まとまりのない不安定な印象
を与えてしまい、みっともないですね。そもそも、文字数
をきちんとそろえて複数行のテキストを作るのは意外に難
しいものです。

　ですから、特に意味がない限り中央揃えというのはおす
すめできません。そうではなくて、左揃えか右揃えにすれ
ば、行の頭や末尾は一直線にそろいます。単純に端をそろ
えるだけでテキストが見やすく、整頓された印象を与えま
す。もちろんこれは画像を並べるときも同じです。

　そろえて並べるなんて当たり前、と思われるかもしれま
せんが意外と見落とされてしまうことです。テキストや画
像の部分部分はそろっているのに、全体としては凸凹にな
っているなんてことがよくあります。そろえられそうなも
のは、とりあえずすべてそろえてみるのがポイントです。

🖥 「対比」で印象のメリハリをつける

　3つ目は「対比」です。情報の優先順位をはっきりさせ、
デザインに強弱をつけることです。たとえば、家電量販店
のチラシは、たいてい価格の数字が強調されています。安

さをアピールしたい量販店ですから、「価格」にインパクト
を与え、目立たせているのです。商品名や品番も記載され
ていますが、ひかえめなフォントで小さな黒字です。商品
説明を抑えることで、「価格」がより引き立ちます。はじめ
に価格に目が行くように設計されています。

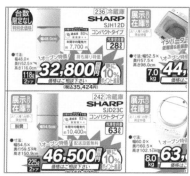

家電量販店のチラシ例。価格が目立つ

「対比」を利用するコツは、はじめに優先順位をはっきり
させることです。家電製品のチラシなら、価格、商品名、
品番の順に重要度が下がっていきます。この優先順位をも
とに、デザインに強弱をつけていきます。強弱をつける
ときは、思い切って「差」をつけましょう。値段の表記が赤
色、商品説明がオレンジ色の文字だと同系色であまり差が
ありません。ただ単に違いを出せばいいというわけではな
く、はっきりと差をつけましょう。見る人に違いが伝わら
なければ意味がないからです。

🖥 「反復」で全体の統一感が出る

　4原則の最後は「反復」です。同じ要素を反復して繰り返し使うことでデザインに統一感を出します。色、背景、レイアウトを反復すると、デザイン全体に一貫したコンセプトが生まれます。広告業界では、コンセプトや雰囲気に一貫性を持たせることを「トンマナ（トーン＆マナー）」と言い、よく使われる言葉です。

　たとえば、企業のWebサイトでは会社のイメージカラーをホームページのメインカラーに使うことがよくあります。楽天なら赤、三井住友銀行なら緑、Facebookなら青という感じです。ホームページ全体がイメージカラーで統一されているので、閲覧者が見やすい作りになっています。

　色を統一させるのは、単純にイメージというだけではなく、機能的な面もあります。他のページに移ったとき、突然背景や文字の色が全体的に変化すると「別のサイトに飛んでしまったのかな？」と誤解されるリスクがあります。この誤解を防ぐためにも、「反復」を利用して同じサイト内ではデザインを反復させることが有効なのです。

🖥 4原則はデザインのキホン!

　デザインの4原則はとてもシンプルなものです。いままで意識したことはなくても「言われてみればそうだな」と直感的に理解できるのではないでしょうか。

　この4原則を覚えようとする必要はありません。むしろ、作品を作るとき「どうもしっくりこない」ときにこの原則に立ち戻ってみる。すると、「整列ができていない」「強弱をうまく表現できていない」とヒントになります。逆に、「魅力的だな」と思った作品を観察してみると、この4原則がしっかり守られていることに気づくかもしれません。作品を作るとき、見るときにはこの原則を思い出してみましょう。

デザインの基礎②
——フォントをまなぼう

　Webデザインでもう1つ重要なのが「フォント」です。フォントとは印刷や画面表示に使い、デザインに統一がある一そろいの文字のこと。PCやスマホの画面だけでなく、本、新聞、街の看板……あらゆる印刷されたもの、デジタルのものに使われているのがフォントです。

　日本語のフォントには大きく分けて明朝体とゴシック体の2種類があります。明朝体は新聞や書籍などに多く使われているフォントで、上品、知的、まじめ……などの印象を抱かせやすいとされています。ゴシック体は広告やWebで多く使われており、親しみやすい、読みやすい、などの印象を抱かせやすいでしょう。

　ほかにもローマン、サンセリフなどのアルファベットフォント、筆文字のような行書体、教科書に主に使われる明朝体のバリエーションである教科書体など、さまざまなフォントがあります。

🖥 フォントによってサイトの印象が変わる

フォントによって、サイトの印象や視認性が大きく変わります。

次の画像はどちらも同じふるさと納税サイトに掲載されているブランド肉を使ったハンバーグのバナーですが、受ける印象が違いませんか？

A

B

Aのほうが高級そう、Bのほうが親しみやすそうなイメージなのではないでしょうか？

一般に、読みやすいのはゴシック体やそれに類したフォントとされています。視認性はゴシック体に劣りますが、信頼感を高めたい、気品や高級感をかもしたいときは明朝体がよいでしょう。

1つのバナーに使うフォントは1種類に絞りたいところです。ギリギリ許せて2種類、3種類は多すぎます。

個人のWebサイトなどであれば、複数のフォントを使い分けてもよいでしょう。それでも3種類以上は多すぎます。フォントの種類が増えてしまうと統一感がなくなります。

　次の図はフォントごとの雰囲気を整理したものです。デザインの際に参考にしてください。

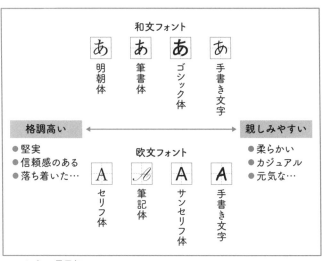

フォントごとの雰囲気

デザインの基礎③
──色の使い方

　デザインを構成する要素としては色も大切です。

　色にはRGB（Red/Green/Black）とCMYK（シアン／マ
ゼンダ／イエロー／キープレート≒黒）の2種類がありま
す。WebデザインはRGBを使用します。というのも、
RGBはコンピュータやテレビでの色の処理方法、CMYK
は印刷物で色を表現するための方法だからです。

　ちなみにCMYKは「色の三原色」をベースにしていて、
シアン（青）、マゼンダ（赤）、イエロー（黄）を掛け合わ
せることでさまざまな色を表現できます。CMYKでは色を
混ぜれば混ぜるほど暗い色に変化していきます。

　Web（画面）での色彩表現方法であるRGBは「光の三原
則」をベースにしています。赤、緑、黒を混ぜ合わせるほ
どに明るく変化していきます。テレビやWebなどはRGB
で色を表現しているため、Webデザインをする際にもRGB
で色を設定します。

🖥 1つのバナーには3色まで！

フォントも色と同じで、たくさん使えばよいというわけではありません。もちろん、子ども服やおもちゃなどカラフルさを売りにするものはあえてレインボーカラーを使用することなどもあるかもしれませんが、基本はメインカラー1色、サブカラー2色の計3色程度がよいでしょう。

何色を使うかも大切ですが、色のトーンも大切です。

たとえば、子どもや若い人向けであれば彩度が高いビビッドカラーが好まれる傾向にあり、老人向けだと落ち着いていたりくすみがかっていたりする、明度が低いペールトーンが好まれる傾向にあります。明度も彩度も高いパステルトーンの色を使えば、近年はやりの「夢かわ」のような雰囲気を出しやすいでしょう。

また色調だけでなく、色固有の雰囲気もあります。黒や赤は一般に強さや高級感を表しますし、白は清純、ピュアな雰囲気を出すのに適しています。ピンクやパープルは明度・彩度によって異なる印象を与えますが、ビビッドピンクは元気そう、ビビッドなパープルは高貴、パステルピンクやパステルパープルは幼く透明感がある印象を与えます。

色や配色のテクニックは無限にあります。どうすればよいか迷ったら、次のようなサイトを見て勉強するのもよいでしょう。

色カラー

　https://iro-color.com/

色見本と配色サイト

　https://www.color-sample.com/

1か月目のまとめ

　ここまで読んだあなたは副業で稼ぐためのはじめの1か月が終了しました。ロードマップの3分の1くらいまできました。まだまだ先はありますがこの調子でがんばりましょう。この1か月であなたは目標設定をし、副業で稼ぐために日々やることが明確になり、デザインを本格的に学んでいくための基礎ができました。まだお金を稼いでいくイメージができていないかもしれませんが、デザインの勉強を続けながらこのロードマップを歩いていきましょう。

　2か月目からはいよいよ自分のショップをオープンします。実際に仕事の案件を募集し、学んだスキルでマネタイズする体験をしましょう。お店をオープンしていきなりお客さんが来るとは限りませんが、自分の存在をアピールしながらコツコツとデザインの勉強を進めていきましょう。

アラフォーで挑戦！
2か月目には月収＋4万円に！

Akoさん（本業：会社員）

　長らく会社員として働いてきましたが、コロナをきっかけに働き方について考えるようになりました。人事の仕事ということもあり、コロナ禍にあっても出社が必須だったのです。ライフスタイルの変化に合わせた働き方がしたいと思うようになりました。

　クリエイティブな仕事にも元々興味があり、副業からでも始められるWebデザイナーを目指すことにしました。

　できるだけ早くスキルを身につけたいと思っていたので、某大手スクールに入会したものの、仕事をしながらということもあり、カリキュラムの消化や卒業制作で手いっぱい。そのため、卒業はしましたが自分のスキルになかなか自信が持てませんでした。

🖥 丁寧な指導で仕事開始から2か月目で15件以上の案件を獲得

　Webデザイナーとして仕事を受けていくためにも自信を

持ちたいと考えていたとき、メンターに教わるという方法を知りました。そこで何人かのメンターと面談し、最終的にMENTAでナンバーワン人気講師の濱口さんにお願いしました。

　濱口さんを選んだのは、ご自身が会社員で働きながら、副業でWebデザインの仕事を始めてフリーランスになった経歴を知ったからです。そのせいか、「ここまでくわしく教えてくれるのか！」と驚くほど、丁寧でこまかく説明してくれてわかりやすかったです。

　濱口さんに教わりながらバナーの制作を始め、ココナラに出店するための作品作りからサポートしていただきました。

　ココナラに出店したところ、2か月目には15件以上の案件を獲得しました。収入は月収で約4万円アップしました。いまではココナラの受注実績は200件近く。月収も30万円を下回る月は滅多にありません。

　いまはよりスキルを磨いて、単価が高い、LP（ランディングページ）制作に力を入れていきたいと考えています。そのために、デザインやコーディング技術もさらに勉強中ですが、確実に収入に結びつくので勉強も苦になりません。どんどん仕事の幅を広げていきたいと思います。

2か月目

お店をオープン＆
コーディングの基礎をまなぶ

バナーが作れるようになったら、ココナ
ラなどのスキルマーケットにお店をオー
プンし、集客します。より効率よく稼ぎた
い人はコーディングの基礎を身につけ
ましょう

作品を5つ作ろう

ロードマップ5週目はオリジナル作品を5つ作ってみましょう。模写をしてトレース作品を作った経験があるので、「キャッチーなバナーはこんな感じかな」というイメージがなんとなくできていると思います。その経験を活かし、自分のデザイン性をアピールできる作品を作ります。

5つ作るのは、このあとオープンするココナラのお店に関係しています。ココナラでは5つの作品をアップロードすることで自分のお店が目立ち、集客に役立ちます。ですから、お客さんを惹きつける作品を少なくとも5つは欲しいところなのです。

💻 ステップ1：お手本を探す

まずはお手本となるバナーを探しましょう。オリジナル作品と言いましたが完全にゼロから作るのはハードルが高いかもしれません。参考や勉強のためにセンスのあるバナ

ーをたくさんを探しましょう。4週目で紹介したPinterest
やBannnner.comを利用するのがおすすめです。

🖥 ステップ2：模写をする

3〜4週目に覚えたやり方で模写をします。忘れた場合3
〜4週目（p35〜）に戻ってください。

🖥 ステップ3：デザインに味つけをする

オリジナル作品を作るコツは「足したり引いたり」して
みることです。模写のお手本にしていた作品から、色や要
素を「足したり引いたり」してみるのです。これだけで意
外とデザインの印象は激変します。

オリジナリティとは、出そうと思って出せるものではあ
りません。数をこなすことで自然とにじみ出てくるもので
す。ですから、まずは多くの作品を「足したり引いたり」
して、作る感覚を養っていきましょう。

次のような要素を変えると、デザインの印象がガラッと
変わります。

【変えるといい要素】

- **商品画像**
- **キャッチコピー**
- **メインカラー**

　たとえば、化粧水の広告に味つけをするなら、商品をダイエット食品に変えてみます。女性向けのテイストを残したまま、商品画像を変更してみる。商品を変えてしまえば、それにあわせてキャッチコピーを変更できます。

　フォントや文字サイズも画像の変更にあわせて調整します。化粧品の広告なら高級感があってエレガントなイメージ、健康食品なら元気でパワフルな印象にするなど、テキストの外観を変えるだけでも全体の雰囲気が変わります。このように、1つの要素を入れ替えれば、連動して他の部分も自然に変化していきます。

　ちなみに、お手本をそのままコピペしなければセーフというわけではありません。少なくとも、元のコンセプトがわからなくなるぐらいまでは変化させましょう。「背景の色を変えるだけ」「テキストを書き変えるだけ」「写真を置き換えるだけ」などのシンプルな変化だけではパクリと思われてもしかたありません。変化を「組み合わせる」ことで

オリジナリティを出していきましょう。

　ターゲットを変えることでデザインの印象を変えていくことになるので、きちんとリサーチしてどんなデザインだと興味を持ってもらえるかを意識していくと実践形式になってよいと思います。

集めた作品資料　　　　　　　　　　オリジナル作品

6週目

ココナラで
お店の開店準備をする

　6週目ではショップをオープンするための準備をします。具体的にはスキルマーケット「ココナラ」（https://coconala. com/）のアカウントを作り、そのプロフィール欄に書く内容を詰めていきます。

ココナラ トップページ

　ただのプロフィール欄ですが、意外と重要なポイントです。というのも、ココナラで仕事を発注しようとする人ははじめにプロフィールを見てから誰に発注するかを決める

からです。この最初に見られるプロフィール欄のクオリティが低いとお客さんは離れてしまいます。

　ココナラのWebサイトを見ると、プロフィール欄に必要最低限のことしか書いていない人もいれば、発注後の流れを細かく書き込んでいる人もいます。店主の性格がはっきり表れていますね。
　クライアントにとってはこのプロフィール欄が「この人は几帳面そうだな」「この人は実績が豊富だな」「この人のビジネスライクでレスポンスが速そうだな」と発注する判断条件となります。ですから、クオリティの高いプロフィールを目指しましょう。

🖥 いいプロフィールとは？

　いいプロフィールを作るという場合、いちばん簡単な方法はココナラで評価が高いオーナーのプロフィールを参考にすることです。デザインを学ぶときの模写と同じです。
　実績がある人のプロフィールを見て「どんな要素が書かれているか」を学びましょう。ココナラで高評価を受けている人は出店している期間が長く、その分プロフィール欄もブラッシュアップされています。プロフィールを真似れば、クライアントが発注前に知りたい情報を過不足なく伝

えることができます。

　とはいっても、お手本にしたいプロフィールをそのまま
の形で使用することはもちろんできません。構成のみを参
考にさせていただきつつ、自分のアピールできるポイント
を探して書き換えましょう。

　自己分析をするときに目標設定で使ったマンダラートも
使えます。自分がどんな人間なのか、何が得意なのか、
Webデザイナーとしていかせる経験は何か、自分の強みを
深掘りしていきます。

　Webデザイナーだからといってデザインに関することを
書かなければならないわけではありません。むしろ、ビジ
ネスの現場での経験やスキルがあったほうが有利です。

　たとえば、「10年間の会社員経験がある」なら「組織の
中での立ち振る舞いができ、基本的なビジネススキルが身
についている」という印象があります。

　デザイナーとしての実績がまだないなら、社会人として
ビジネスを円滑に進められることをアピールしましょう。
「ホウレンソウが速い」「納期を守る」など、基本的なビジ
ネススキルが思いのほか重要になってきます。

「自分には特にアピールできるポイントが見当たらない」
と思い込んでいる人がいるかもしれません。それでも少し

の工夫でクライアントに安心感を与えることができます。

　クライアントが3日後までにバナー画像を5枚欲しい状況ならレスポンスが速い人を選びたくなります。そのときに「12時間以内に必ず返信します」「平日なら3時間以内に必ず返信できます」などの記載があれば、仕事を受けられる可能性が高まるでしょう。

　仕事の受発注ができるプラットフォームでは、仕事相手に関する情報が限られています。お金を払ってわざわざ頼りない人を選ぶ人はいません。プロフィール欄で気の利いた丁寧な仕事をアピールするのは重要です。

　それでは、いいプロフィールと悪いプロフィールの例を見てみましょう。

●ブラッシュアップが足りない悪いプロフィール例

人を笑顔に、楽しく生きる

初めまして！なみおんこと、なおみです。

私は元大手企業の会社員で、今はWebデザインを学習しながら、今はホームページ作成やバナー制作などを楽しく行なっています。
「人を笑顔に、楽しく生きる」がモットーです！！

【使えるツール】
・Photoshop
・Illustrator
・HTML
・CSS

【稼働可能日】日曜日以外、毎日

【納期】サービス内容によりますが、ご購入から4日〜要相談

作成するのに時間はかかるけれど、丁寧さには自信があります。

私はよく人から真面目だとか、癒し・優しいと言われます。
自分的に人を笑顔にすることが好きなので、人から頼られるのも好きです()。

よろしくお願いします！

予約お待ちしております！

　シンプルで一見いい内容にも思えますがあまりに淡白です。これからはじめて取引をするなら、前もって相手の人となりがわかったほうが安心感があります。人となりを伝えるには過去にどんな経歴があり、現在はどんなことをしているのか、具体的な情報を丁寧に記入しましょう。

●実績のある評価の高いプロフィール例

①最初に名前や大事にしていることを書く

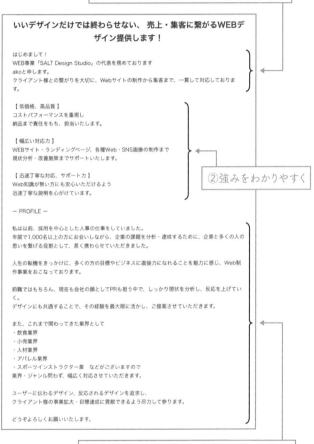

いいデザインだけでは終わらせない、 売上・集客に繋がるWEBデザイン提供します！

はじめまして！
WEB事業「SALT Design Studio」の代表を務めております
akoと申します。
クライアント様との繋がりを大切に、Webサイトの制作から集客まで、一貫して対応しております。

【低価格、高品質】
コストパフォーマンスを重視し
納品まで責任をもち、担当いたします。

【幅広い対応力】
WEBサイト・ランディングページ、各種Web・SNS画像の制作まで
現状分析・改善施策までサポートいたします。

【迅速丁寧な対応、サポート力】
Web知識が無い方にも安心いただけるよう
迅速丁寧な説明を心がけています。

－ PROFILE －

私は以前、採用を中心とした人事の仕事をしていました。
年間で1,000名以上の方にお会いしながら、企業の課題を分析・達成するために、企業と多くの人の思いを繋げる役割として、長く携わらせていただきました。

人生の転機をきっかけに、多くの方の目標やビジネスに直接力になれることを魅力に感じ、Web制作事業をおこなっております。

前職ではもちろん、現在も会社の顔としてPRも担う中で、しっかり現状を分析し、反応を上げていく。
デザインにも共通することで、その経験を最大限に活かし、ご提案させていただきます。

また、これまで関わってきた業界として
・飲食業界
・小売業界
・人材業界
・アパレル業界
・スポーツインストラクター業　などがございますので
業界・ジャンル問わず、幅広く対応させていただきます。

ユーザーに伝わるデザイン、反応されるデザインを追求し、
クライアント様の事業拡大・目標達成に貢献できるよう尽力して参ります。

どうぞよろしくお願いいたします。

②強みをわかりやすく

③人となりがわかるように本業のエピソードや
何もない場合は「返信が速い」などもOK

デザイナーとしての強みがコンパクトにとりまとめられた、わかりやすいプロフィールです。過去のビジネス経験が具体的に書かれており、人となりも伝わります。社会人経験の豊富さがアピールポイントになっています。

🖥 お店の看板を作る

　プロフィールの作成と同時にお店の看板画像やプロフィール画像も作ります。FacebookやTwitterのプロフィールの背景にあるような看板です。これもデザインの練習だと思って自分のオリジナリティを出した作品を作ってみましょう。画像サイズの指定があるので参考にしてください。

【参考】ココナラの公式ブログ

　https://coconala.com/blogs/
　1034601/145614

ココナラの画像サイズ一覧（px）					
	横	縦		横	縦
プロフィール	182	182	ブログ	3840	2160
商品画像	4950	4120	ポートフォリオ	3600	3600
カバー画像	3840	1260			

お店の看板画像もココナラで人気のある出店者さんのものを参考にするのが近道です。

　看板は、1番最初に目に入る大きな画像です。インパクトとともに自分の強みが一目でわかる看板にしましょう。自分の作風として、ビジネスライクなものか、可愛らしいデザインか、かっこよくてクールな雰囲気か、お店のコンセプトに合わせて考えましょう。

　たとえば「画像1枚を24時間以内に1500円で作ります！」のような速さと安さをアピールするお店なら、親しみやすく、金額や時間を強調した看板になるでしょう。

お店の看板見本

　逆に「画像制作は1枚6000円～」のような高い価格帯のお店なら、落ち着きと高級感をアピールした看板が作れます。自分のお店の方向性を考えて、他店と差別化できるポイントを強調しましょう。

　看板ともにプロフィール画像も必要です。必ずしも顔出しをする必要はありませんが、信用度を上げるために顔出しをしている人もいます。副業として小さくビジネスをしたいならイラストやアバターを使う手もあります。自分の

イラストをお店のキャラクターとして利用することで親しみやすさを捻出できます。

プロフィール見本

お店を広める

7週目では自分のお店をどうやって周りの人に知ってもらえるかを考えます。いわゆるマーケティングです。

ココナラのプラットフォームには仕事を頼みたい人がアクセスするとはいえ、それだけでは集客として不十分です。ですから、ある程度戦略的にマーケティングを行なう必要があるのです。

🖥 とりあえず実績を作ろう

誰かに仕事を頼むときに、評価実績が100の人と10の人がいたら100の人に頼みたくなるのが人間の心理です。ビジネスを展開するためにはとりあえず地道に実績を積んで、評価やレビューをもらいましょう。

実績数

ココナラのトップページ見本
（　　　）内が実績数。（6）の人より（156）の人に頼みたいと思う人も多いでしょう。

　実績を作る1番手っとり早い方法は、家族や知り合いに仕事を発注してもらうことです。ビジネスとして取引をする練習にもなりますし、多少不慣れな点があっても家族や知り合いなら大目に見てくれます。改善ポイントとして次の案件で修正できれば大丈夫です。

　このとき、「お金はいいので作らせて」などと言ってしま

いがちですが、バナーの最低価格が1500円なので、それくらいはもらってきちんと作成することが大事です。

　お金をもらうのが申し訳ないと思う場合、相手が同業者なら同じように有料でバナーなどを制作してもらってもいいですし、もの作りをしない人なら食事や飲み代をごちそうしてあげるなり、なんでも価値提供はできるはずです。お礼に、SNSの画像を作ってあげたりインスタの投稿などを作ってあげたりするのもいい方法です。

　とにかく、有料で受注してください。というのも、無料だとお互いに責任がない状態になってしまい、「無料だからこの程度でいいか」と思ったり、「無料で頼んだから指摘もしずらいな」とか思ったりして、いつまで経ってもいいものが作れずに納期も延びがちになってしまいます。お金を払うことで、「お互いが責任を持ってお仕事をきちんとしよう」という姿勢になるので、いいものが作れていきます。その経験が大事です。納品したら、友人や肉親に頼んで評価やレビューをつけてもらいしょう。

　知り合いにココナラを利用している人がいるなら、お互いに商品を注文しあうのもよいでしょう。相手の仕事ぶりを見て学ぶことも多いでしょうし、評価をつけあえばお互いにwin-winです。

🖥 地道にSNS活動をする

　TwitterやInstagramなどの地道なSNS活動も大切です。すぐに仕事につながるとは限りませんが、自分のビジネスを発信するいい機会です。費用がかからないお得なマーケティングなのでSNSは積極的に更新しましょう。

　たとえフォロワー数が少なくても、検索から仕事のDMを送ってくる人がいます。地道なプロモーションで仕事のチャンスを広げましょう。

　Twitterで「業務委託　デザイナー」などで検索すると、「いま業務委託でお願いできるWebデザイナーを探しています！　スポット案件ですが興味がある方はDMください！」と求人している人がヒットすることがあります。SNS上には意外とお仕事の案件が転がっています。こまめに検索してみるのもいいかもしれません。

案件受注時の
「おまかせ」は要注意！

　クライアントとのやりとりで「あるある」なのが、「デザインの説明が曖昧でおまかせ」が多いことです。「Webサイトのイメージが固まっていない」「イメージはあるがうまく言語化できない」などの理由で、クライアントからの情報が少ないことがよくあります。結果的に、クライアントからは「おまかせ」「自由に」とお願いされますが、このようなシチュエーションは要注意です。

　「おまかせ」「自由に」という言葉は本当に自由に作っていいという意味ではありません。「クライアントとしてはイメージをうまく説明できないけれど、こちらの意図を汲みとっていい感じのものを作ってほしい」くらいの意味と考えたほうがよいでしょう。本当に自由に作ってしまうと「これじゃない」の一言で全ボツになる可能性があります。

🖥 デザインは言葉にしにくい

　これは別にクライアントが悪いというわけではありませ

ん。「はっきりと説明できない」「うまく言語化できない」のはデザイン系の仕事によくあることです。そもそもデザインには「言葉を使わずにメッセージを伝える」役割があります。ですから、デザインのイメージを言語化するのは難しくて当然なのです。

　たとえば、トイレのマーク（🚹🚺）は言葉が通じなくても、意味が伝わるようにデザインされています。言葉がわからない国に行っても、迷うことはまずありません。デザインは言葉を使わずにメッセージを伝えられるからです。

🖥 ヒアリングシートで聞き上手になる

　では、情報不足のクライアントからどうやってデザインのイメージを引き出せばいいのでしょうか。まずは、ヒアリングシートを記入してもらいましょう。「完成図のイメージに近いWebサイトを教えてください」「Webサイトで使いたい画像を添付してください」など、こちらが知りたい情報を質問形式であらかじめ聞きとっておきます。「どんなものが欲しいのですか？」と漠然と聞かれるよりも、具体的に質問されたほうがクライアントも考えやすいです。

　ヒアリングシートを使ってもまだ情報が足りない場合は、こちらから逆に提案していきます。たとえば「Aのサ

イトとBのサイトなら、どちらがイメージに近いですか？」と選択肢を提示して選んでもらいます。選択肢があれば、具体的な完成図をイメージしやすく、クライアントも選びやすいです。選択肢がともにイメージと違っていても、消去法でぼんやりとした方向性を探ることができます。

実際に作品作りに入る前に、いかにクライアントとイメ

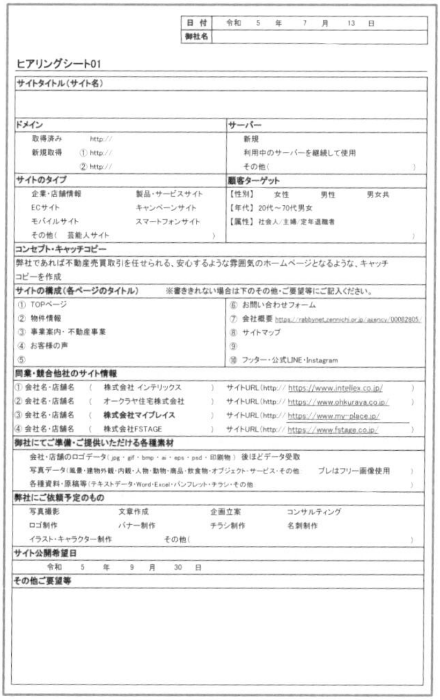

日 付	令和　5　年　7　月　13　日
御社名	

ヒアリングシート01

サイトタイトル（サイト名）

ドメイン
取得済み　http://
新規取得　① http://
② http://

サーバー
新規
利用中のサーバーを継続して使用
その他（　）

サイトのタイプ
企業・店舗情報　製品・サービスサイト
ECサイト　キャンペーンサイト
モバイルサイト　スマートフォンサイト
その他（　芸能人サイト　）

顧客ターゲット
【性別】　女性　男性　男女共
【年代】20代～70代男女
【属性】社会人／主婦／定年退職者
）

コンセプト・キャッチコピー
弊社であれば不動産売買取引を任せられる、安心するような雰囲気のホームページとなるような、キャッチコピーを作成

サイトの構成（各ページのタイトル）　※書ききれない場合は下のその他・ご要望等にご記入ください。
① TOPページ
② 物件情報
③ 事業案内・不動産事業
④ お客様の声
⑤
⑥ お問い合わせフォーム
⑦ 会社概要 https://rabbynet.zennichi.or.jp/agency/00082805/
⑧ サイトマップ
⑨
⑩ フッター・公式LINE・Instagram

同業・競合他社のサイト情報
① 会社名・店舗名（　株式会社 インテリックス　）サイトURL（http:// https://www.intellex.co.jp/　）
② 会社名・店舗名（　オークラヤ住宅株式会社　）サイトURL（http:// https://www.ohkuraya.co.jp/　）
③ 会社名・店舗名（　株式会社マイプレイス　）サイトURL（http:// https://www.my-place.jp/
④ 会社名・店舗名（　株式会社FSTAGE　）サイトURL（http:// https://www.fstage.co.jp/　）

御社にてご準備・ご提供いただける各種素材
会社・店舗のロゴデータ（jpg・gif・bmp・ai・eps・psd・印刷物）後ほどデータ受取
写真データ（風景・建物外観・内観・人物・動物・商品・飲食物・オブジェクト・サービス・その他　ブレはフリー画像使用　）
各種資料・原稿等（テキストデータ・Word・Excel・パンフレット・チラシ・その他　）

弊社にご依頼予定のもの
写真撮影　文章作成　企画立案　コンサルティング
ロゴ制作　バナー制作　チラシ制作　名刺制作
イラスト・キャラクター制作　その他（　）

サイト公開希望日
令和　5　年　9　月　30　日

その他ご要望等

ヒアリングシート見本

ージを共有できるかが勝負です。コミュニケーションの行き違いにより、完成品を「イメージと違う」と言われればそれまで。時間をかけた作品づくりも振り出しに戻ってしまいます。クライアントとのコミュニケーションを丁寧に行ない、イメージのすりあわせを大切にしましょう。

　画像制作の案件なら完成品を2、3個提示して選んでもらうのも有効です。1つの作品でクライアントに満足してもらえるなら手間はかかりません。それでも、余裕があるなら複数の作品があった方がクライアントの希望に近づけることができ、満足度が高まります。

🖥 案件終了後は「フォローメール」を

　仕事が終了したら（少し時間が経っていてもOKです）ぜひ「フォローメール」をお送りしましょう。
　内容はお礼と共に、「こんな仕事も受けています」「何月何週目はいま空きがあります」など、自分の仕事についての紹介や、今後の予定なども書いておくといいでしょう。
「空いているならいまから予約しておこうかな」とか、「バナーだけでなくてこういう仕事もできるなら、それも頼もうかな」など、案外、続けて受注できることも多いのです。
　お客様の評価を書いてもらえるように、やりとりをスム

ーズにして、次のお仕事につなげていきましょう。レビューは違うお客様にも見てもらえるため、そこで信頼を獲得できるチャンスです。必ず評価をいただけるように、よかったら感想をレビューに書いてくださいと声をかけましょう。

　ヒアリングシートのフォーマットをダウンロードできます。次のQRコードからダウンロードしてください。

コーディングの基礎をまなぶ

　ココナラで地道にバナー制作の実績を積みながらコーディングの勉強を始めましょう。8週目はコーディングの基礎を学びます。

　コードを書く、作成することをコーディングと言います。では、そもそもコードとはなんでしょうか？

　コード（code）とは「記号」や「符号」を意味する言葉で「暗号コード」というときのコード（code）です。電源コード（cord）や音楽の授業で習う和音のコード（chord）とは別物です。

　はじめに断っておくと、ここではあまりくわしくコードのお話はしません。プログラマーになるわけではないので、プログラミング言語を細かく学ぶ必要はないからです。

　ここでの目的は、LP（ランディングページ）制作のために必要なコーディングのスキルを一通り学ぶことです。ランディングページは企業の広告ページであり、顧客をとり込むための重要なWebサイトです。ランディングページは

ただの画像ではなく Web サイトなので、どうしてもコーディングの知識が必要になります。とっつきにくいと感じるかもしれませんが、これをやるとライバルと差がつけることができるため、ぜひ勉強してみてください。

🖥 LPの制作のためのコーディングを学ぼう

まず、「VScode」をインストールしてください。これはほぼすべてのプログラミング言語で動作し、Mac、Windows をはじめとした任意OSで実行されるコード編集ソフトです。

インストール手順は次のサイトを参考にしてください。

【インストール手順】

https://miya-system-works.com/
blog/detail/vscode-install/

🖥 プラグインを使って効率よくコーディングする

プラグインとはアプリケーションの機能を拡張するソフトウェアのことです。個別に追加してバージョンアップが可能で、不要になったら削除もできる便利なものです。次のプラグインを入れておくと、効率よくコーディングでき

るようになります。また、予測変換機能を使うと、素早く
コードが編集できるようになります。

●よく使うプラグイン

Live Server

ローカル上（ご自身のパソコン）でブラウザをプレビュー
する機能です。保存するとすぐにブラウザの更新が行なわ
れて、スムーズにコードを更新したものを確認ができます。

Auto Rename Tag

HTMLを開始タグを書き換えると、自動で終了タグも同じ
ように修正してくれるプラグインです。HTMLタグを書き
換えたいときに便利です。

indent-rainbow

インデントに色をつけてくれるプラグインです。マークア
ップの構造が一気に捉えやすくなります。

手順1：HTMLを触ってみよう

　ホームページの文章と骨格は、HTMLというWeb用の言語で書
かれています。何かホームページを開き、「ページのソースを表

示」という欄をクリックすると、アルファベットの羅列が見られ
ます。これがHTMLです。

●HTMLの例

```html
<html lang="ja">
<head>
    <meta charset="UTF-8">
    <meta http-equiv="X-UA-Compatible"
    content="IE=edge">
    <meta name="viewport"
    content="width=device-width, initial-
    scale=1.0">
    <title>Document</title>
</head>
<body>

</body>
</html>
```

　HTMLとは「ハイパーテキスト・マークアップ・ランゲージ
（Hyper Text Markup Language）」のことで、「マークアップ」と
は文章の構成や、文章の役割を示すという意味です。
　ほとんどのWebページはHTMLとCSSという言語でその見た目
が作られています。

何かホームページを開いて右クリックすると「ページのソースを表示」という欄があるはずです。ここをクリックするとHTMLが確認できます。

　上記は、<head>の記述と呼ばれる部分ですが、HTMLは最初におまじないのようなコードを記載する必要があります。

　<head>はその名が示す通り、サイトの頭、巻頭部分に入れる言葉などの情報を記述して埋め込みます。

　vscodeでは、!またはdocと入力すると予測変換してくれます。

```
<h1>aitechデザイン講座へようこそ</h1>
```

表示例

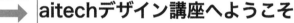

aitechデザイン講座へようこそ

開始タグと終了タグで挟みます。

●見出しタグ　　　　　　　　　　●表示例

```
<h1>h1タグです</h1>
<h2>h2タグです</h2>
<h3>h3タグです</h3>
```

h1タグです

h2タグです

h3タグです

見出しタグは本で言うタイトルやサブタイトルのこと。
h1~h6まであり、数字が小さいほど見出しの順位が高くなります。

●段落タグ

```
<p>aitechschoolのWebデザイン講座は、在宅で受講で
きます。</p>
```

表示例

aitechschoolのWebデザイン講座は、在宅で受講できます。

　段落タグは本で言うと本文に当たります。コンテンツの説明の
文章などを入れていきます。

　<h2>,<p>タグで囲んだテキストは改行されます。

●コメント

```
<!-- これはコメントです -->
```

　コメントで囲むとブラウザで表示されない文章をメモとして残
せます。vscode では、Command + /（windows では、Ctrl + /）
でもコメント化できます。

※ mac:command = windows:Ctrl

●リンクを作成する

```
<a href="https://media.aitechschool.online">
くわしくはこちら</a>
```

くわしくはこちら

aタグで囲うとリンクが貼れます。href=のあとに飛び先のURL を記載します。URLは""ダブルクオテーションで囲いましょう。

●imgタグで画像を配置しよう

imgフォルダに画像を入れて表示する場合は次のように記述します。

```
<img src="images/sample.jpg" alt="サンプル画像
です">
```

画像フォルダの位置が間違えてしまっていると表示されないので、フォルダがindex.htmlのファイルと同じ階層にあるようにしてください。

●リストを作成

```
<ul>
  <li>Webデザイン</li>
  <li>Photoshop</li>
  <li>HTML</li>
  <li>CSS</li>
</ul>
```

表示例

- Webデザイン
- Photoshop
- HTML
- CSS

<li> を囲うタグ<ul>は、囲うほう（ul）が親要素、囲まれる
要素（li）が子要素です。

- ●・が入った箇条書き → <ul>
- ●番号つきリスト → <ol>

必ずp136の例のようにインデントして記述しましょう。

手順2：CSSを使ってみよう

CSSとは、HTMLの要素に対して色、大きさ、配置などを指定
し、ページをデザインするための言語です。

次の図はHTMLのみを用いた場合です。HTMLだけでは文字と
画像が羅列されているだけですが、CSSを用いることで、レイア
ウトを整えることができます。

❶ CSSを使う準備をする

styleシート（cssファイル）を用意して、HTMLからCSSを読
み込むためには、<link rel="stylesheet">を用います。

次のように、href属性で読み込むCSSファイルを指定します。

```
<link rel="stylesheet" href="style.css">
```

上記のように CSS フォルダの中に style.css がある場合、次のようにリンク先を指定します。

```
<link rel="stylesheet" href="css/style.css">
```

❷ HTMLを記述する

```
<h1>aitechデザイン</h1>
```

CSS

どこの要素に何をどうするかなど、記述する要素のことをセレクタと言い、変更項目をプロパティと言います。

css もインデントをしたり、改行、:コロンと最後に;を入れることができます。

❸ 文字の大きさ色、種類を変える

```
h1{
    color: #ff0000;
    font-size: 18px;
    font-family: 'Times New Roman', Times,
    serif;
}
```

上記は、色、サイズ、フォントなどの指示をするコードです。

フォントの指定は、記述を間違えやすいので、上記のように、Font-familyメーカーなどのツールを使って、コピペで記述しましょう。

---

font-family メーカー

https://saruwakakun.com/
font-family

---

❹ 横幅や高さ、背景色を変える

```
h1{
    width: 500px;
    height: 100px;
    background-color:#b1ddeb;
}
```

```
img{
    width:500px;
    height:200px;
}
```

❺ 特定の要素にCSSを当てる

CSS

次に特定のliに名前をつけて、その要素にCSSを当てます。

```
<ul>
    <li class="active">Webデザイン</li>
    <li>Photoshop</li>
    <li>HTML</li>
    <li>CSS</li>
</ul>
```

表示例 ➡

- Webデザイン
- Photoshop
- HTML
- CSS

```
.active{
    color:blue;
}
```

class="active"な
ら、activeという名
前をつけてその要素
にCSSを当てます。

※class名には.をつけます。同じクラス名を当てると同じように適用できるの
で、使い回しができます。

```
<ul>
    <li class="active">Webデザイン</li>
    <li>Photoshop</li>
    <li class="active">HTML</li>
    <li>CSS</li>
</ul>
```

表示例 ➡

- Webデザイン
- Photoshop
- HTML
- CSS

Webデザインと HTML が青色になります。

❻ divを使ってレイアウトを作る

```
<div class="header">

</div>

<div class="main">

</div>

<div class="footer">

</div>
```

上の記述では、「header」「main」「footer」というclass名を持った3つの**\<div\>**要素でレイアウトを分割しています。

💻 marginとpadding,borderの関係

Webページの要素には、「表示領域」とその「境界線」、「余白」があり、この3つをあわせて「ボックス」と呼びます。ボックスは共通して次のような構造になっています。

marginはボックスの外側の余白、paddingはボックスの内側の余白です。

ボックスの構造

- padding　→　余白を border の内側に作る
- margin　→　余白を border の外側に作る

　div を使った box 要素に margin padding border を設定して、見え方の違いを見てみましょう。

🖥 HTML/CSSの基礎を学習サイトで学ぶ

　ここまで、コーディングの基礎の基礎をざっと紹介しました。

　難しく感じるかもしれませんが、安心してください。

　コーディングを学ぶといっても、HTML や CSS のルールをはじめからすべて暗記する必要はありません。なぜなら、サイト制作においてわからないことは、検索すればだいたいのことが解決できてしまうからです。コードの学習をしながら時間をかけて慣れていきましょう。

　ちなみに、書籍で学ぶ場合は本を見ながらコードを打っていくことになりますが、サイト上でも学ぶことができます。

　以下の2つのサイトが初心者におすすめです。

Progateは初心者にもわかりやすいのが特徴で、ドットインストールは応用まで学ぶことができ、「かゆいところにも手が届く」感じで、辞書がわりに使ったりもできます。

　では、実際に次の課題にチャレンジしてみましょう。

課題：**Progateの初級編を一通り学んでみよう**

2か月目のまとめ

　ここまでで2か月が終了しました。あなたはロードマップの3分の2まで到達したことになります。ココナラにお店を出して、バナー制作のお仕事を募集し始めました。

　SNSで自分のビジネスを広めるとともに、ランディングページを制作するのためにコーディングの勉強も始まっています。

　3か月目からは本格的にランディングページの制作を行ないます。コーディングの勉強を続けながら、お仕事の募集も始めましょう。バナーよりもランディングページのほうが1つ1つの仕事の単価が高いので、副業での収入アップを期待できます。

　稼げるスキルを増やすことで収入にレバレッジがかかります！

場所にとらわれない働き方を目指して、月収30万円達成したWebデザイナー

Kenさん（フリーのWebデザイナー・過去には漁師の経験も！）

自由を求めてWebデザイナーに

　Webデザイナーを目指したきっかけは、自由に海外を飛び回る生活をしたかったからです。好きなときに好きな国へ行っていろいろな人と出会ったり、いろいろなものを見たり。そんな理想を実現するために、場所にとらわれない仕事を探していました。

　いろいろな仕事を知るうちにWebデザイナーならパソコン1台でどこでも仕事ができることを知り、完全未経験からフリーランスのWebデザイナーを目指すことにしました。

　確実に稼げるようになりたかったので、絶対に人に習うべきだと考え、Webデザインスクールを探しました。濱口さんのエーアイテックスクールに入学を決めたのは、MENTAで見つけたことがきっかけです。エーアイテックスクールはMENTAでデザイナー部門人気ランキング1位でした。

スクールに入学し、本業が終わったあとにオンライン講座で学びました。1日の勉強時間は平均1〜2時間で、そんなに根を詰めていたわけではありません。心がけていたことは「自己流にしない」ということ。あくまでも、濱口さんの教えに沿って行なうようにしました。ツールの使い方やデザインなど、基礎的な内容から学べたのがよかったです。濱口さんのスクールは案件サポートや添削など無制限で対応してくれるため、Webデザイナーで独立したあとも継続しています。

💻 4か月目で案件獲得

はじめて案件を獲得したのはスクールに入学して4か月目のとき。副業収入は1万円でした。大した額ではないと感じられるかもしれませんが、紹介案件してではなく自力で獲得できた仕事だったこともあって、すごくうれしかったです。

その後も自力で案件を獲得し続けていて、入会して10か月目で本業を辞められました。本業を辞める以前も副業で月25万円の収入を得られていたので不安はありませんでした。現在は案件がとれすぎて、大忙しです。でも自分で選んだ仕事でやりがいを感じていて、しかも理想通りの「場所にとらわれない仕事」なので、一生楽しく続けられそうです。

3か月目

ランディングページ制作でもっと稼げる力を身につける

コーディング技術を鍛えながら、ランディングページをFigmaアプリを使って作る方法を身につけます

コーディングを模写する

　コーディングもバナーと同じように模写で練習することができます。あらかじめドットインストールなどのサービスを使い、HTMLとCSSの基本的な文法ルールを学んでおきましょう。

　模写コーディングをするときにおすすめのサイトがCodestepです。実際にコードを自分で書きながら学ぶコーディングの学習サイトです。コーディングの練習課題やお手本サイトのコードが多数ストックされています。

　練習課題は難易度別に分かれているので、自分のレベルにあわせて調整できます。

Codestep

https://code-step.com/

　模写コーディングは次の3つのステップで行ないます。

① レイアウトの構成を確認する

② サイト全体からコーディングする

③ 各パーツをコーディングする

🖥 レイアウトの構成を確認する

　まず、お手本サイトのレイアウトの構成を確認します。Webサイトは全体の構成と各パーツの2つに大別できますので、順番に個性を確認していきます。

　まずは全体のレイアウトです。ヘッダー、メイン、セクション、フッターなどの大きなブロックで見て、サイトがどのように作られているかを確認します。

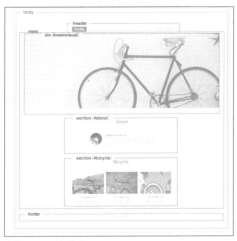

全体のレイアウト構成メモ

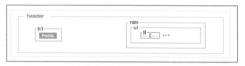

ヘッダーのレイアウト構成

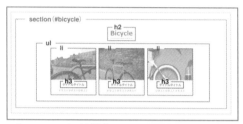

セクションのレイアウト構成

　全体の構成を把握できたら、次に各パーツのレイアウト
を確認していきます。

　いきなりコードを書き始めるのではなく、お手本がどの
ような構成で作られているのかを確認するのは大切です。

手順1：サイト全体からコーディングする

　実際にコーディングをしていきます。

　レイアウト構成を確認した通りに、まずは全体から大まかに
HTMLで書いていきます。header、main、section、footerなどの
主要なブロックの枠組みをコーディングします。次に、HTMLに
合わせて全体に関わるCSSを書いていきます。

手順2：各パーツをコーディングする

全体の枠組みができたら、各パーツをコーディングしていきます。

❶ デザインカンプからコーディングする

ファイル構成

コーディングの準備としては、HTMLファイル、styleシート、画像ファイルを準備します。次にindex.htmlを準備し、styleシート（style.css）ファイルを用意して、HTMLのhead部分にリンクを貼って、紐づけます。

Google Fontsで用意されているフォントを読み込むことでデザインされたフォントをダウンロードして表示させることができます。

Google Fonts

Google Fontsは「オープンソースフォント」で商用・非商用に関わらず誰でも無料で使用することができるサービスです。
https://fonts.google.com

使いたいフォントを
Google Fontsのサ
イ ト か ら 探 し て、
CSSを読み込むリ
ンクコードとフォント
指定に記述します。

```
body{

    font-family:'Noto Sans

    Jp',Sans-serif;

}
```

linkをhead部分に
記述します。CSSの
記述を使いたい要
素 のfont-family
部分に記述します
（今回はサイト全体
<body>タグにフォ
ントの設定をしてい
ます）。

❷ アイコンを表示する

　Font Awesome などのサービスを使うと、Web サイトやブログ
でWebアイコンフォントを表示できるようにできます。たとえば
矢印のマーク、時計のマークなど、表示したいアイコンがある場
合は便利です。

Font Awesome

https://fontawesome.com/

Font Awesomeの画面

　使い方は、Google Fonts と同じように CSS を読み込むためのリンクを会員登録（無料から使えます）して発行してもらい、head内にリンクを設置します。

記載例

```
<head>
    <!-- Required meta tags -->
    <meta charset="utf-8">
    <meta name="viewport"
    content="width=device-width, initial-
    scale=1">
```

```
<!-- Google fonts -->
<link rel="preconnect" href="https://
fonts.gstatic.com">
<link href="https://fonts.googleapis.com/
css2?family=Noto+Sans+JP:wght@100;300;40
0;500;700;900&display=swap"
rel="stylesheet">
<!-- fontawesome -->
<link rel="stylesheet" href="https://kit.
fontawesome.com/ad4f6fd396.css"
crossorigin="anonymous">

<!-- 自分で用意したスタイルシート -->
<link rel="stylesheet" href="style.css">
<title>私の日常</title>
</head>
```

　コードは「覚える」というよりは「慣れろ」というほうが近い
です。いろいろなレイアウトをコーディングしながら、慣れてい
きましょう。
　コードについてはGoogle検索で大体のことは調べられるので、
調べながらコードを参考にして自分で組んでいくと、理解が速く
なっていきます。私も長年コーディングしていますが、よくわか

らないところが出てきたらGoogleで検索して解消しています。

　新しい技術もどんどん現れるので、調べてみると便利なCSSが見つかることもあります。

手順3：HTMLタグコーディングをする

　レイアウトに沿ってまずはHTMLを書いていきましょう。上記のレイアウトにあるブロックは`<div></div>`で囲います。divで囲むことで、そのコードはdiv内で働きます。つまり、中のコンテンツをdivの中に入れるとボックスの中にコンテンツが入るような感じです。ulはリストを構成するボックスなので、divではなく、ulのタグで入れています。上部のメニュー部分だけ書いてみました。

```
<body>
```

```
    <div>
        <h1>trippo</h1>
        <p>旅をもっと自由に</p>
        <ul>
          <li>エリア</li>
          <li>目的</li>
          <li>特集</li>
          <li>イベント</li>
          <li>trippoとは？</li>
          <li>お問い合わせ</li>
        </ul>
    </div>
 </body>
```

表示例

trippo

旅をもっと自由に

- エリア
- 目的
- 特集
- イベント
- trippoとは？
- お問い合わせ

❶ classでボックスに名前をつけましょう。

```html
<body>
    <div class="header-nav">
        <div class="nav-left">
          <h1>trippo</h1>
          <p>旅をもっと自由に</p>
        </div>
        <ul class="nav-right">
          <li>エリア</li>
          <li>目的</li>
          <li>特集</li>
          <li>イベント</li>
          <li>trippoとは？</li>
          <li>お問い合わせ</li>
        </ul>
    </div>
 </body>
```

nav-leftというclass名を
h1のタイトルとpの説明
文をおおっているdivに
入れて、デザインのスタ
イルを入れてみましょう。

class名は、誰が見てもわかりやすい名前を振りましょう。今回で言うと、「nav = ナビゲーション」と「left = 左側」をくっつけ

て名前をつけています。

「-」で区切ってあげると、役割-場所のように誰が見てもわかりやすくコードを見ることができます。

　コーディングは誰かと一緒に書くこともあるので、共通のルールも設けていくとチームで編集しやすくなるので、決めていきましょう。

　よくclassの命名規則が使われることがあるので、次のリンクの命名規則まとめなどを参考に、class名を決めていきましょう。

命名規則BEM参考

　【命名規則】BEMを使った書き方についてまとめてみた
　【CSS】- Qiita
　https://qiita.com/takahirocook/
　items/01fd723b934e3b38cbbc

---

❷ ボックスにスタイルを入れてコントロールする

```
.nav-left{

    width:300px;

    height:100px;

    padding:10px 20px;

    margin:10px 20px;

    border:2px solid blue;

}
```

先ほどつけたnav-leftにスタイルを入れてみましょう。各ボックスの横幅（width）や、縦幅（height）、余白（padding, margin）を設定してみました。わかりやすくボーダー（border）で囲っています。

❸ フォントのサイズ（font-size）やフォントの色（color）も
設定する

　body全体にフォントの種類も設定しています。（Google Fonts より）nav-leftのボックスの中のh1,pタグにスタイルを当てるので、class名とタグの間に半角スペースを入れて指定します。

　この場合はh1だけでも指定ができますが、htmlを書いていくと同じタグが出てくることが多いので、classでボックス名を指定したら、その中の要素のスタイルを変えるようにするとよいでしょう。コードも簡素でわかりやすいので、おすすめです。

　中の小さい要素、今回でいうh1,pタグにそれぞれクラス名を振ってもいいのですが、そうするとクラスがいっぱいでわかりにくくなってしまいます。管理もコードが増えると大変になってしまうので、ボックス単位でフォントを指定するといいでしょう。

```css
body{
    font-family: 'Noto Sans JP', sans-serif;
}


.nav-left h1{
    font-size: 30px;
    font-weight: 700;
    color: #333333;
}


.nav-left p{
```

```
    font-size: 14px;

    font-weight:400;

    color: #707F89;

}
```

表示見本（わかりやすくするため枠線を入れています）

上のコードがこのように表示されます。

手順5：右側のメニューを作る

❶ 右側の「メニュー」を作る

メニュー欄を作るにあたり、listのスタイルを設定「・」をなくしてみましょう。どうするかというと、list-styleという属性を

none でなくしています。

```
.nav-right{
    list-style: none;
}
```

次に、デベロッパーツールを使って、ブラウザ上で CSS の設定
を確認してみましょう。Google Chrome などのブラウザ（他にも
Safari,Edge,Firefox などがあります）にはデベロッパーツール（開
発ツール）が用意されています。

ブラウザ上でCSSの確認

ブラウザでさっそく
使ってみましょう。
表示→開発/管理
→デベロッパーツ
ールで表示されま
す。普段使うとき
は、右クリックで検
証ボタン、あるいは
⌘＋option＋Iボタ
ン（mac）でもショ
ートカットで表示さ
れます。

HTML のコードを確認しながら、タグの要素を選択するとそこ
にかかっている CSS のスタイルが確認できます。

この例では、先ほど
作ったnav-rightの
スタイルが確認でき
ます。

CSSスタイルの確認

　リストの左に余白があるのがわかります。これは元々リストの
「・」が表示されていた場所に余白が設定されていたので、残った
ものになります。ブラウザにはこうした元々設定されている余白
（margin, padding）などのCSSの設定が施されています。こうい
った余分な余白をなくしていくと自分でレイアウトをコントロー
ルができるようになります。

　marginとpaddingを0にしています。

```
.nav-right{
    list-style: none;
    margin: 0;
    padding:0;
}
```

余白を修正すると見え方が整う

❷ メニューリストをレイアウトしてみよう

「エリア〜お問い合わせ」までの横に並べたい要素 **\<li\>** を整列させるには、その親の要素（**\<ul\>** タグ）に flexbox を使って横に並べていきます。**\<ul\>** タグ、つまり nav-right の class に CSS 要素：display:flex; を入れていきます。

```
.nav-right{
    list-style: none;
    display: flex;
}
```

また、リストの項目の1つ1つに余白を左側につけるとメニューとして見やすくなるので、**\<li\>** タグに margin-left で余白を入れます。フォントサイズと色も調整しています。

```
.nav-right li{
    margin-left: 20px;
    font-size: 18px;
    font-weight: 500;
    color: #333333;
}
```

リストが横に表示される

　最後にtrippoのロゴ部分とメニューを横に並べたいので、こち
らも横に並べるdisplay:flex;を用いましょう。

　リストと同様に、ロゴ部分（.nav-left）とメニュー（.nav-right）
の親要素、.header-navにdisplay:flex;　を入れると横に並びま
す。

　ここでは、flexboxで横に並べたときにnav-left,nav-rightを両
端にそろえるjustify-content:space-around;と縦方向をalign-items:
center;でheader-navのheight:100px;の高さに合わせて真ん中に
そろえています。

　縦方向の真ん中合わせは、高さが決まっていないと真ん中がと
れないので、heghtなどの高さを決める要素を必ず追加してくだ

さい。今回はわかりやすいように枠線をborder要素で入れました
が、なくても大丈夫です。

```css
.header-nav{
    display: flex;
    height: 100px;
    justify-content: space-around;
    align-items: center;
}

.nav-right{
    list-style: none;
    display: flex;
    border: solid violet;
    padding:10px 20px;
    margin: 10px 20px;
}
```

タイトルとメニューを並べる（わかりやすいように枠線を入れています）

🖥 Flexの活用

Flexible Box Layout Module、通称Flexはその名の通り、フレキシブルにボックスを組めるサービスです。現在ほとんどすべての最新ブラウザーでFlexboxをサポートしているため、Flexboxを使ったレイアウトがWebデザインのスタンダードになりつつあります。

Flexboxにはボックスを横に並べるレイアウトと、それを中央、両端に合わせるCSSが用意されているので、レイアウトが自在にコントロールできるようになります。

今回で言うと、justify-content:space-around; と align-items:center; のCSS設定に使用しています。深くは説明しませんが、次のサイトを参考にして活用していきましょう。

Flexboxの使い方

https://www.webcreatorbox.com/

tech/css-flexbox-cheat-sheet

Flexboxのレイアウトコントロールの要素はおおよそ次の通りです。

水平方向のそろえ方：justifycontent

flex-start（初期値）… 行の開始位置から配置。左揃え。

flex-end … 行末から配置。右揃え。

center … 中央揃え

space-between … 最初と最後の子要素を両端に配置し、残

りの要素は均等に間隔をあけて配置

space-around … 両端の子要素も含め、均等に間隔をあけて配置

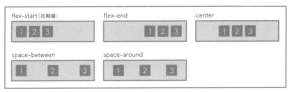

水平方向のそろえ方

垂直方向のそろえ：align-items

stretch（初期値）… 親要素の高さ、またはコンテンツのいちばん多い子要素の高さにあわせて広げて配置

flex-start … 親要素の開始位置から配置。上揃え。

flex-end … 親要素の終点から配置。下揃え。

center … 中央揃え

baseline … ベースラインでそろえる

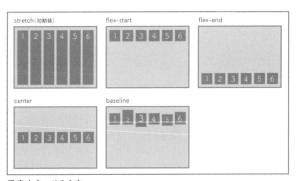

垂直方向のそろえ方

💻 親要素と子要素

　ここまでHTMLを触ってみて、ボックスが入れ子の構造になっているのがわかったはずです。

　ボックスで囲った要素を親要素、囲まれた要素を子要素と呼びます。

　以下のnav-leftの**\<div\>**を例にとるとdivの.nav-leftが親要素、h1,pタグの要素が子要素になります。

```
<div class="nav-left">      ←親要素
    <h1>trippo</h1>  ←子要素
    <p>旅をもっと自由に</p>
</div>
```

　さらに大枠のheader-navを見てみると.header-navが親要素とすると、.nav-leftと、.nav-rightが子要素。さらにnav-left側は**\<h1\>**, **\<p\>**タグ、nav-right側は**\<li\>**タグのすべてが孫要素になります。

```
<div class="header-nav">          ←親要素
    <div class="nav-left">              ←子要素
        <h1>trippo</h1>
        <p>旅をもっと自由に</p>
    </div>
    <ul class="nav-right">        ←子要素
```

```
        <li>エリア</li>                    ←孫要素
        <li>目的</li>
        <li>特集</li>
        <li>イベント</li>
        <li>trippoとは</li>
        <li>お問合せ</li>
    </ul>
  </div>
```

次のQRコードより完成コードを配布して
います。メールアドレスを登録するとダウン
ロードできます。

Figmaを使ってランディングページの模写をしてみよう

バナーのときと同じように、LP（ランディングページ）も完成している他の人の作品を模写することで上達します。

基本的には次のような流れで行ないます。

手順1：見本にするLPを探す
手順2：ソースを見て構造（デザインカンプ）を把握する
手順3：各パーツを模写していく

この項目では、これまでに何度か言及しているFigmaというデザインアプリを使った方法を紹介します。FigmaはWebデザインやUIデザインに特化した、Web上のサービスのグラフィックデザインツールです。

Figmaは、複数の人が同時にデザイン作業を行なうことができるため、チームでのデザイン作業に適しています。リモートワークで離れた場所から複数人が同時に作業できるのも魅力です。

Photoshopは画像編集が得意なので、写真編集や画像の合成、加工、レイヤーの効果や管理、テキストの編集などの機能があり、画像のことならオールマイティです。

　一方のFigmaはどちらかというとPhotoshopでできた画像をレイアウトして、一括で管理できたりデザインを共有してコーディングをより効率的に行なうことができるプロトタイプ（サイトの模型を作る）ツールです。

　Photoshopは主に画像で、Figmaはコーディング（もちろん、バナー制作も可能ですが）、それぞれ特化しているところが違います。

🖥 LPアーカイブサイトからキャプチャーして見本を探す

　模写するにあたり、お手本となるLPを探してきましょう。はじめは好きなデザインサイトや自分がくわしい業種のサイトから作成するとよいでしょう。なるべくシンプルなサイトから探したほうがやりやすいはずです。

　お手本となるLPは次のサイトなどから探せます。

●おすすめのアーカイブサイト

LP ARCHIVE

ほとんどのLPのデザインのアーカイブが探せます。アーカイブ総数はなんと35000！　検索機能も優秀なので、イメージコンセプト、業種カテゴリー、配色などから探すことができます。

https://rdlp.jp/lp-archive/

SANKOU!

最新のwebデザインのトレンドが集まっているサイトです。LPだけでなくコーポレート、サービスサイトなどさまざまな用途のサイトがあります。アニメーションの動きが多いサイトも多いので、目を惹きつけるものアイデアの参考を探せるサイトです。

https://sankoudesign.com/

お手本となるLPはキャプチャーする必要があります。キャプチャーには次のようなツールを使うと効率がよいでしょう。

●あると便利なキャプチャーツール

GoFullPage - Full Page Screen Capture

　Google Cromeの拡張機能です。ランディングページのような縦に長いサイトも一度にキャプチャーができるツールです。長すぎると2つのファイルに分かれてしまいますが、ある程度の長さであれば1つの画像で保存されます。Google Chromeのブラウザで訪問したサイトを右上の拡張機能のボタン1つで画像にしてくれます。

```
https://chrome.google.com/
webstore/detail/gofullpage-
full-page-scre/fdpohaocaechififm
bbbbbknoalclacl?hl=ja
```

Macのスクショも便利

　Macを使っているのであればショートカット（⌘＋シフト＋4）で範囲を指定してキャプチャーしてくれます。上記のキーを押した状態で、スペースタブを押すとwindowごとにキャプチャーもできます。

Figmaを使う

　4週目でフォトショップの使い方を学びました。Figmaでも同じ
ような作業を行なって、今度はランディングページを作成してい
きます。Photoshopの違いを確認しながら、まずは全体的な作業
の流れを見ていきましょう。

　今回は下記のようなランディングページを制作していきます。

ランディングページ見本

　パソコン用とスマホ用、2パターンのデザインを制作します。最
近はスマホでサイトを見ることが多いので、しっかりスマホ用の
デザインを制作することが必要です。

　Photoshopでもアートボードを2つ並べて、パソコン用とスマホ
用の2つを制作できますが、Figmaはアートボードをたくさん開い
ても軽いので、こういう場合に便利です。また、オンラインのク

ラウドアプリなので、作ったデザインをチームで共有することができます。アプリの右上のホームボタンを押すと今まで開いたファイルを一括で管理することも可能です。CSSのコードも書き出せたりするので、コーダーさん（コード記述を専門にしている人）と協力してサイトをデザインするときなどは、画面だけでなく、コードを共有しながら作成ができ、効率的に作業が進められます。

❶ アカウント登録とアプリのダウンロード

Figmaのダウンロード

https://www.figma.com/ja/downloads/

　こちらからデスクトップアプリをダウンロードしておきましょう。アプリ版はオンラインにつながっていなくても使用でき、便利です。ローカルに書き出して保存すれば、のちほどオンラインで開くことも可能です。ここからはアプリで説明していきます。

始め方は簡単で、始める（Get started）をクリックするだけ。FigmaはGoogleアカウントで始められるので、「Googleで続行」からログインしてみましょう。メールアドレスからアカウント登録も可能です。

❷ 日本語化をしよう

Figmaは海外のサービスですが、日本語化ができるようになっています。

アプリの場合、上部メニューのhelpからAccount Settingのプロフィール欄にLanguage言語設定があるので、Change languageから日本語に設定しましょう。ブラウザ版は、右下の「?」マークから同じように設定ができます。

❸ アートボードについて

FigmaはPhotoshopと違ってアートボードがなく、フレームで各ページを管理していきます。左側のレイヤーパネルに制作したフレームが並んで、フレームの中にレイヤーやグループが入っていきます。このあたりの構造はPhotoshopのアートボードと変わらないので、扱いやすいかと思います。

フレームツール上部メニューの左から3番目の#のようなアイコンを押して、今回制作する横幅1920pxのフレームを作成してみましょう。縦幅は適当なサイズで作っておきます。右側のフレームパネルのWの値を1920にして大きさを調整してあげましょう。

スマホ用のデザインをするためのフレームも右側に作ってあげましょう。

フレームツールを選択すると右側にそれぞれのデバイスごとのフレームが用意されているので、iphone8:375pxの幅のフレームを選択します。左側のレイヤーパネルにフレームが追加されているのがわかります。

❹ ヘッダー部分の作成

ヘッダー部分の画像は、Photoshopで作成したものを書き出して配置します。

写真の左側を白い背景となじませるように、グラデーションでマスクして、左端に行くにつれて消えるように画像を編集しています。

　このように複雑な画像の作成はPhotoshopしかできないことなので、使い分けてサイトデザインを作っていきます。

❺ タイトル部分について

　次の画像のタイトル部分を作るにあたり、まず、フォントについて説明します。

タイトル部分

Photoshopは、Adobeフォントを使って新しいフォントをダウンロードして使用します。FigmaはGoogle Fontsを使用するので、よりHTML/CSSのコーディングに適したデザインカンプになります。

　Google Fonts自体については前述していますが、特徴としては無料で利用可能であり、Webフォントのライセンスが含まれていることがあげられます。Webフォントとは、Webページ上で利用できるフォントのことで、通常のコンピューターにインストールされたフォントとは異なり、Webページが表示されるたびにダウンロードされます。Google Fontsは、Webデザイナーや開発者にとって便利なツールであり、Webページのデザインを改善し、多様性を高めるために広く利用されています。

　このLPでは、主にNotoSans Japanese（源ノ角ゴシック）を使用して本文とサブタイトルを入れていきます。「Webデザイン講座」の部分のみZen Kaku Gothic Newというフォントを使っています。私がFigmaを使う際は、Google Fontsのサイトを出してフォントを選びながらテキスト部分を作成しています。

Google Fontsでフォントを選ぶ

　FigmaでもPhotoshopと同じように、各テキストのフォントや

大きさ、太さなどを設定できます。カーニング、行間の指定も同じようにできます。

Photoshopと同じようにカーニングのショートカットもできます。[option]＋[<]または[>]です。カーソルではなく[<]や[>]のキーなので注意してください。

●便利なショートカット

テキストの調整カーニング（mac版）

// カーニング　　option + >　　　　 option + <
// font weight　cmd + option + >　 cmd + option + >
// line height　shift + option + >　 shift + option + <

　文字の色や境界線はPhotoshopと同じように、塗りと線で管理します。違うところは右のプラスマークで色を重ねることもでき、線は、内側や外側にも設定できます。

❻ レイヤーについて

　レイヤーの管理は、基本的にはPhotoshopと同じような仕方になります。

レイヤーをつくる

各レイヤーはグループ化してパーツごとにまとめます。作ったパーツを画像に書き出したり、グループごとにパーツを移動したりするので、わかりやすい名前をつけておくとベターです。パーツ=コンポーネントと呼ばれます。

　Web制作におけるコンポーネントとは、再利用可能で独立した機能やデザインを持つ部品のことを指します。たとえば、ナビゲーションバーや検索フォーム、ボタンやアイコン、カードやリストなどがあります。

　コンポーネントは、WebサイトやWebアプリケーションの開発において、機能やデザインを共通化して管理することで、開発の効率化や品質の向上につながります。

　また、コンポーネントのデザインは、UIデザインやUXデザインにおいても重要な役割を果たします。コンポーネントを統一されたデザインでまとめることで、ユーザーがWebサイトやアプリケーションを利用する際の使いやすさや視認性を高めることができます。

　このパーツ（コンポーネント）はコーディング時にdivタグなどの名前をclass名でつけて管理するので、header-boxのように実際に使うclass名で入れておくと整理されてコーディングしやすくなります。コンポーネント化については、のちほど解説していきます。

❼ 手順チェックマークをプラグインの機能から作成しよう

　左上のメニューボタンからプラグインの項目よりfontawesome

と検索をしてプラグインを実行してみましょう。

前項9週目のコーディングで使ったFont Awesomeのアイコンを使っていきます。

　Figmaで作成したデザインからコーディングでそのまま使えるように連携することができます。アイコンですと、Font AwesomeとGoogle Fontsにあるマテリアルアイコン（https://fonts.google.com/icons?hl=ja）がよく使われます。

プラグインを起動すると検索画面が出るので、checkとキーワードを入れて探しましょう。今回は四角いチェック欄のアイコンを使用します。

次に長方形ツールを使って上部のグラデーションの短形を作っていきます。

フレームツールの隣に□のマークのボタンがあるので、それを選択して長方形を書いていきます。大きさ長さは720×63にします。

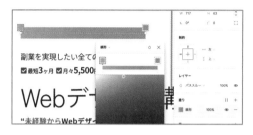

右側の塗りの欄から単色をクリックして、線形を選びます。グラデーションの設定ができるので、それぞれ色を選択します。この例では 紫:#F793F9 水色:#68C3F5で設定。

よく使う色、または使い回して使う色は、カラーを登録しておいて、すぐに出せるようにすると便利です。また色をある程度限定したほうが統一感が出るので、登録しているカラーだけを使っていくとまとまりが出てスッキリ見せることができます。メインカラー、サブカラー、アクセントカラーのように3色程度に留めておくことがおすすめです。

塗りのプロパティの右側に「::」のマークがあるので、そこから色スタイルを出して、右のプラスボタンを押すとカラーを登録しておくことが可能です。

```
main-color:#F794F9
sub-color: #2A6F96
text-black: #222222
accent-color: #CB41CE
```

```
gradation: #7CCAF7-#F794F9
```

このようにカラーを
設定しました。

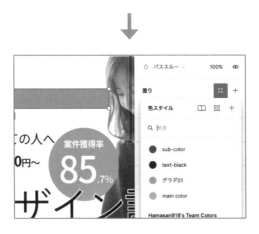

グラデーションを案件獲得率の丸と下のキャンペーンの帯でも
使用しています。

カラー設定の見本

丸い「案件獲得率85.7%」のところも同じように、長方形ツールをクリックすると楕円形ツールがあるので、丸を描いて塗りの設定に登録したグラデーションを使用しています。

　この例ではグラデーションの角度を調整して、斜めに入れてます。

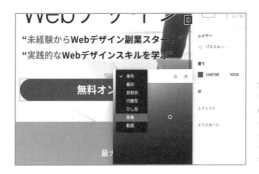

色スタイルの編集をして、プロパティのカラー部分をクリックするとグラデーションの角度や、グラデの両端の位置を調整しています。

　Figmaの塗りのカラー設定は、他にも放射線状のグラデーションや、図形に画像を入れてリピートされる模様を作ることもできます。試しにいろいろ設定してみてください。

　続けて、ボタンの部分も作成してみましょう。長方形ツールでボタンの大きさで制作して、角丸（round）で半径分の丸みをつけています。

右側のプロパティパネルのHの下に角の半径の設定があるので、50pxの設定をして丸みを出しています。
W:1240 H:100
色：#2A6F96（カラーコード）

ボタンの背景ができたら中央揃えでテキストと右端Font Awesomeで右矢印のアイコンを配置します。arrowなどのキーワードで探すと検索できます。またレイヤーもbuttonでグループ化（コンポーネント化）して管理しやすくしています。

❽ ボタンのコンポーネント化をする

　ボタンは、この時点では1つですが他のページに再度使用する場合もあります。使い回しにするパーツ（コンポーネント）はコンポーネント化して複製することで、ボタンの色や中の文章を編集することができます。

　親のコンポーネント（複製前のオリジナル）を編集すると複製した子のコンポーネントが継承されて、デザインの変更を一気にすることができます。

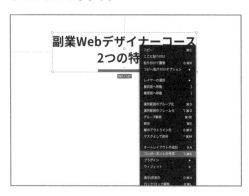

コンポーネント化は、「グループ化したレイヤーを右クリック→コンポーネントの作成」で可能です。

　コンポーネント化すると、親のボタンのテキストを変更すると子のボタンにも反映されて一度に編集が可能です。

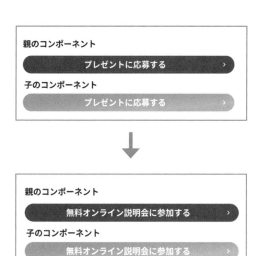

　下のセクションの2つの特徴のところでもコンポーネントを使用して、共通化したパーツを複製して2つコンテンツを並べていきます。

❾ 特徴のコンテンツを制作しよう

完成見本

上記のパーツを作っていきます。

タイトル部分は、テキストと下線で構成されています。

```
テキスト:Noto Sans JP #222222(text-color)
ライン  W:206px H:10px color:#CB41CE
(accent-color)
```

このタイトルは各コンテンツのタイトルになり、使い回すので、
コンポーネント化しておきましょう。

レイヤーまたは、画面上のグループを右クリックしてコンポー
ネントの作成（option ＋⌘＋K）でコンポーネントを作成します。

次に、左側の写真を角丸長方形に切り抜きます。Photoshop で

は、選択範囲を作ってマスクをして切り抜きました。Figmaの場合、図形を作ってその図形の形に切り抜きます。

写真と角丸長方形を用意して、写真の切り抜きたい位置に長方形を下に重ねます。上の位置に配置してからレイヤーの位置を変えてあげてもいいでしょう。

レイヤーパレットから写真と長方形を2つ選択して、右クリックでマスクとして使用をクリックします。

　これで角丸長方形に切り抜くことができました。

　丸や三角、星の図形でも同じように切り抜きができます。切り抜くときは、写真が上で図形が下に位置するようにレイヤーの順番を編集しましょう。

❿ 写真とテキストボックスを横並びで配置する

レイアウト見本

　上の図のように横並びにレイアウトしたいのですが、その場合、きちんとHTMLのボックス構造を意識して作成しましょう。

　Figmaで作ったデザインカンプはそのままコーディングしていくのできちんと構造を設計することが大切です。

　また、スマホのレイアウトも作成するので、ボックスごとに動かせるほうが、どんな画面幅でも対応が可能です。

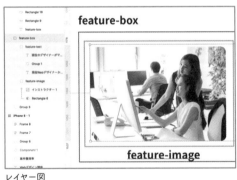

レイヤー図

写真のように横並びの構造を作るには、大枠のFeature-boxの中にFeature-image、Feature-textのボックスが中に入る構造をグループで作成しましょう。

　また、Feature-boxを選択した状態で、右のパネルのオートレイ

アウトの＋ボタンを押すとオートレイアウトをオンにできます。

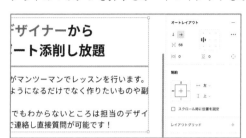

→の印は、横並びの構造。下の68はイメージとテキストの間の余白68px。その下の左は、ボックスの両端の余白、右は上下の余白の設定です。それぞれ値を入れて確かめてみましょう。

　オートレイアウト機能を使うと、CSSで上下左右の余白、フレックスで横並び、縦並びの設定ができます。スマホ時のレイアウトも縦並び（↓）をオンにすると写真とテキストが縦に並びます。このオートレイアウト機能を使って、PCとスマホのレイアウトを完成させてみましょう。

⓫ CSSの情報をインスペクトから得よう

　ボックス構造で実際のHTMLの構造を作っておくとCSSのコーディングをするときにも役に立ちます。

```
/* feature02 */

/* オートレイアウト */
display: flex;
flex-direction: row;
align-items: center;
padding: 0px;
gap: 68px;

position: absolute;
width: 1241px;
height: 350px;
left: 340px;
top: 1634px;
```

Featureboxを選択した状態で、右上部のメニューバーのインスペクトを押すとCSSのコードが表示されているのがわかります。これはコピペで利用できるので、コードも早く書くことができます。他にもインスペクトからテキストのフォントの種類や大きさ色、ボーダーの長さ色などの情報が、CSSのコードで表示されます。

スマホレイアウトの上部のヘッダー部分も作成して完成です。

ヘッダー部分も作成

⑫ 画像の書き出し

ランディングページのデザインが完成したら、実際にコーディングするために画像を書き出しましょう。画像はレイヤーごと、グループごとでも書き出しができます。

書き出したいグループレイヤーを選択して、右下のパネルのエクスポートに書き出しプレビューを見ながら画像の名前を指定してエクスポートボタンで書き出しができます。複数レイヤーを選択すると1度に画像を書き出すことができるので、書き出したい画像はグループやコンポーネントでまとめて置いて一気に書き出していきましょう。

1xを2xに変更すると2倍の大きさで書き出しもできます。エクスポートの右の＋ボタンを押すと大きさをそれぞれ書き出すこともできるので、PC用スマホ用とで解像度を変えて画像を作成することができます。

コーディング用にimagesフォルダを作成して、ヘッダー部分の

画像を1度に書き出ししました。

画像の書き出し

　このようにFigmaでサイトのデザインデータを制作しておくと効率的にHTML/CSSコーディングができるので、Photoshopだけでなく WebデザインでFigma を活用できるようにしましょう。

　LPの模写完成データはダウンロードできます。次のQRコードからダウンロードしてください。

Bootstrapを活用して、コーディングを効率的に書こう

　11週目は自分でLP（ランディングページ）を作ってみましょう。でも、何もない状態から作るのは大変だな、と感じている方もいらっしゃることでしょう。

　そんなときにおすすめしたいのがBootstrapです。

Bootstrap

https://getbootstrap.jp/

　BootstrapはWebページやWebアプリケーションを作成するためのオープンソースのCSSフレームワークです。Twitter社が開発したもので、HTML、CSS、JavaScriptを使用しています。

　フレームワークとは、アプリ開発やwebサイト制作などに利用する、共通的な機能や構造を定義されたライブラリ、テンプレートの集合体のことです。

　今回はよくwebサイト制作に使われるBootstrapを用い

て、レイアウトを再現していく手順やコントロールの仕方を学んでいきます。

🖥 ブロックでレイアウトを組む感覚をつかもう

前項でメニュー部分のコーディングしながら何となくどうやってレイアウトを作るか感じられたのではないかと思います。今度はいろいろなレイアウトを作るにあたって、フレームワークをとり入れて感覚的にレイアウトができるようにしていきましょう。

🖥 Bootstrapを導入する

下記の公式サイトに導入の手順が書いてあります。その中のCSSのリンクを使って導入していきます。

Bootstrap 導入手順

https://getbootstrap.jp/docs/
5.0/getting-started/introduction/

まず、導入の準備として、下記のリンクをコピーして
<head> 内のリンクに入れます。※ Google Fonts,Font
Awesome と同様。

```
<linkhref="https://cdn.jsdelivr.net/npm/
bootstrap@5.0.2/dist/css/bootstrap.min.css"
rel="stylesheet" integrity="sha384-EVSTQN3/az
prG1Anm3QDgpJLIm9Nao0Yz1ztcQTwFspd3yD65Vohhp
uuCOmLASjC" crossorigin="anonymous">
```

　上記のリンクを読み込んでから自分で用意したスタイル
シートを読み込んでいくので、次のような形になります。

※Bootstrapのフォーマットになるので、リセットCSSは入れていませ
　ん。コードは上から順に読み込むため、自分で作るスタイルの場合
　は、ブートストラップのあとにリンクのコードを入れていきます

```
<head>
    <!-- Required meta tags -->
    <meta charset="utf-8">
    <meta name="viewport"
content="width=device-width, initial-
scale=1">

    <!-- Bootstrap CSS -->
    <link href="https://cdn.jsdelivr.net/npm/
    bootstrap@5.0.2/dist/css/bootstrap.min.
    css" rel="stylesheet" integrity="sha384-
    EVSTQN3/azprG1Anm3QDgpJLIm9Nao0Yz1ztcQTw
    Fspd3yD65VohhpuuCOmLASjC"
    crossorigin="anonymous">

    <!-- Google fonts -->
    <link rel="preconnect" href="https://
    fonts.gstatic.com">
    <link href="https://fonts.googleapis.com/
    css2?family=Noto+Sans+JP:wght@100;300;40
    0;500;700;900&display=swap"
    rel="stylesheet">
```

```
<!-- fontawesome -->
<link href="https://use.fontawesome.com/
releases/v5.6.1/css/all.css"
rel="stylesheet">

<!-- 自分で用意したスタイルシート -->
<link rel="stylesheet" href="style.css">
<title>私の日常</title>
</head>
```

　9週目で作ったヘッダーのナビゲーションのコードをそのまま使っています。

完成webサイト見本

💻 headerのヒーローイメージと タイトル、紹介文を入れよう

タイトル、紹介文見本

　上記の画像のような、タイトル、紹介文を入れていきます。

　最初にメニューの下のイメージとタイトル、ボタン部分を作成します。

　Bootstrapでは、さまざまなclassがあらかじめCSSで設定されており、それを活用して、レイアウトを作ったり、ある程度デザインされたパーツを活用してデザインを作ることができます。

　たとえば、レイアウトをコントロールする「.container」というクラスは、boxの横幅をウィンドウサイズにあわせて固定してボックスを中央寄せにしてくれるクラスです。

　今回は、他にもflexのようにボックスを横に並べてくれ

る「.row」クラスや、カラムをグリッドに沿って幅を設定する「.col」クラスを使っていきます。

●Bootstrapでよく使われるクラス

container：グリッドシステムの幅を制限するために使用されます。

row：グリッドの行を作成するために使用されます。

col-*：グリッドの列を作成するために使用され、*には1～12の数字が入ります。たとえば、col-6は半分の幅の列を作成します。

text-*：テキストの装飾を設定するために使用されます。*には、left（左寄せ）、center（中央寄せ）、right（右寄せ）などが入ります。

bg-*：背景色を設定するために使用されます。*には、primary（青）、secondary（グレー）、success（緑）などが入ります。

btn-*：ボタンのスタイルを設定するために使用されます。*には、primary（青）、secondary（グレー）、success（緑）などが入ります。

navbar：ナビゲーションバーを作成するために使用されます。

card：カードスタイルのコンポーネントを作成するために使用されます。

modal：モーダルダイアログを作成するために使用されます。

form-group：フォームのグループを作成するために使用されます。

これらのクラスは、Bootstrapのデフォルトのスタイルやレイアウトを提供するだけでなく、Webページのデザインやレイアウトを効率的に作成するためのツールとして、非常に便利です。

🖥 Bootstrapのグリッドレイアウトの活用

　グリッドレイアウト（Grid Layout）は、Webページをレイアウトするための手法の1つで、CSSフレームワークのBootstrapやFoundationなどでもよく使用されています。グリッドレイアウトは、Webページを等分割した複数の列と、それらの列に沿って複数の行を配置することで、要素を整列させる手法です。グリッドレイアウトを使うことで、Webページのレイアウトを一貫性のあるものにすることができます。

　また、レスポンシブデザインに対応することもできるため、デバイスの種類や画面サイズに応じてレイアウトを自動的に調整することができます。

　Bootstrapのグリットシステムの仕組みは、次の図のように12個のグリット線に沿って、ボックスを割り振っていきます。

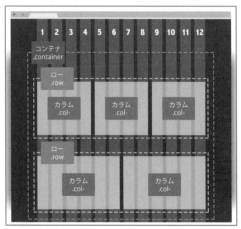

Bootstrapのグリットシステムのイメージ

　3列にレイアウトを組む場合は、12÷3列 ＝ 4つ分のグ
リットになります。上の図の下段のような、2列のレイア
ウトのときは、12÷2列 ＝ 6つ分のグリットになります。
　containerのクラスは、横幅を固定して、次のようにコー
ディングします。

```
<div class="container">
    <div class="row">
        <div class="col-4"></div>
        <div class="col-4"></div>
        <div class="col-4"></div>
    </div>
```

```
    <div class="row">
        <div class="col-6"></div>
        <div class="col-6"></div>
    </div>
</div>
```

わかりやすく見せるためブロックで色分けして高さを
heightで設定してみると、次のようになります。

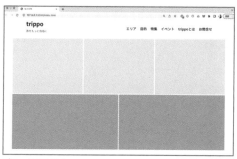

ブロック分け見本

グリッドで分けたボックスは、ウィンドウ幅を変えても
均等に割り当ててくれます。なお、均等でグリッドを割り
振る場合は、.col-4,.col-6の数字は（.col）のように省略で
きるので次のようになります。

```
<div class="container">
    <div class="row">
```

```
        <div class="col"></div>
        <div class="col"></div>
        <div class="col"></div>
    </div>
    <div class="row">
        <div class="col"></div>
        <div class="col"></div>
    </div>
</div>
```

🖥 レスポンシブデザインを作る

　グリッドシステムを使うとレスポンシブデザインが簡単
に実装できますレスポンシブデザイン（Responsive
Design）とは、Webサイトやアプリなどのデザイン手法の
1つで、画面のサイズや解像度に応じて、レイアウトや表
示内容を最適化することを目的としたデザイン手法です。

　たとえば、PCやタブレット、スマートフォンなどの端
末で同じWebサイトを閲覧した場合に、それぞれの端末に
合わせて、レイアウトや表示内容が最適化されるようにデ
ザインされています。

PC

スマホ・タブレット

　具体的には、画面の幅に応じて、文字サイズや画像の表示方法、配置などが自動的に変化します。col- のあとに、5つのブレイクポイントのxs、sm、md、lg、xl　を加えるとウィンドウサイズによって横に並んだボックスが縦並びに切り替わります。

window サイズ	Small 576px	Medium 768px	Large 992px	Extra large 1200px
対応 デバイス	スマホ	タブレット	パソコン	大型ディ スプレイ
class	col-sm- 数字	col-md- 数字	col-lg- 数字	col-xl- 数字

ブレイクポイントの対応表

　上記のレイアウトをタブレットのサイズで横並びから縦並びに変更してみましょう。

　col-4 → col-md-4 col → col-md（数字省略）と書き換えます。

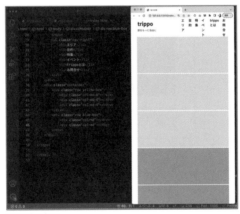

縦並びに変更

　このように対応表のタブレット（768px）以下のウィンドウサイズの場合、横並びのボックスが縦に並びました。

　Bootstrapを使うと簡単にタブレット、スマホの画面に

合わせたレイアウトの切り替えが可能です。

　これを使ってtrippoのサイトの画像とタイトル部分を作ってみましょう。先ほど解説したグリットシステムを使ってレイアウトを作ってみます。デザインカンプに12個のグリッドを当てはめてレイアウトを作っていきます。

デザインカンプにグリッドを当てはめたもの

　上記のようにグリッドで区切ると、左側の写真イメージ部分が、グリッド約7個分、右のタイトル部分が5つ分に分かれます（7:5）。

　スマホの場合は、縦にコンテンツが並ぶとよいので、タブレットのブレイクポイントmd（768px以下）を使って組んでみます。先ほどのコードを使って編集していきましょう。

```
<div class="container">
    <div class="row">
        <div class="col-md-7">
```

```
        <img src="images/header_img.jpg"
        alt="ブログ写真01" class="img-
        fluid">
    </div>
    <div class="col-md-5">
        <p>世界旅ツーリング</p>
        <h2>世界の絶景をツーリング<br>大自然
        に感動</h2>
        <button>詳しく見る</button>
    </div>
    </div>
</div>
```

※<img>要素の画像のサイズ指定がない場合、カラムからはみ出してし
　まうため、カラムの幅に合わせて画像が拡大縮小してくれるclass
　.img-fluidを画像<img>要素に追加しています。

　img-fluidのクラスは便利なので、とりあえず画像にimg-
fluidクラスを入れておけば、ボックスの幅に合わせて画像
の大きさを合わせてくれるので、活用していきましょう。

🖥 Bootstrap 基本のレイアウト構造

　次のレイアウトの型は覚えて使えるようにしましょう。
containerで横幅を固定して、その中に.rowで縦の行を区

切ります。行数に合わせて`<div class="row"></div>`を入れていきます。その（rowのボックス）中に作りたい列数に合わせて、`<div class="col-md"></div>`を入れると列が個数分作れます。

```html
<div class="container">
    <!-- 1行目 -->
    <div class="row">
        <!-- 2列 -->
        <div class="col-md"></div>
        <div class="col-md"></div>
    </div>
    <!-- 2行目 -->
    <div class="row">
    <!-- 3列 -->
        <div class="col-md"></div>
        <div class="col-md"></div>
        <div class="col-md"></div>
    </div>
</div>
```

あとは、右側のブログのタイトルとボタンのスタイルを整えて、左の写真の高さに合わせて、中央寄せしていきます。

1. .rowにクラス.align-items-centerを追加して縦の真ん中を合わせます。これは、前項で使ったFlexの要素を縦方向真ん中に合わせるalign-items: centerのCSS要素を追加してくれるBootstrapで用意されたクラスです。

2. <button>ボタンのスタイルを整えるために、.detail-btnのクラスを用意してcssの要素を加えています。background-colorでボタンの背景の青ボタンの文字色をcolorで白に設定し、もともとbuttonタグに入っていたborderをなくしてpaddingで文字周りの余白を設定します。border-raidiusで半径分の大きさの丸みをつけます。

3. タイトル部分のボックスに.header-ttlのクラスを追加して余白を設定しています。header-ttl h2,.header-ttl pのcss要素にmarginと文字色、line-heightで改行した行の高さを設定します。

```
<div class="container">
    <div class="row align-items-center">
```

```
        <div class="col-md-7">
            <img src="images/header_img.jpg"
            alt="ブログ写真01" class="img-
            fluid">
        </div>
        <div class="col-md-5 header-ttl">
            <p>世界旅ツーリング</p>
            <h2>世界の絶景をツーリング<br>大自然
            に感動</h2>
            <button class="detail-btn">詳しく
            見る</button>
        </div>
    </div>
</div>
```

CSS

```
.detail-btn{
    background-color: #004BB1;
    color: #fff;
    border: none;
    padding: 10px 20px;
    border-radius: 25px;
}
```

```
.header-ttl h2{

    margin-bottom: 50px;

    line-height: 1.3;

}

.header-ttl p{

    margin-top: 10px;

    color: #3B4043;

}
```

PC

スマホ・タブレット

🖥 ブログコンテンツ一覧部分を制作しよう

ブログのコンテンツエリアを作っていきます。

完成見本

① Bootstrapのグリッドレイアウトを使って、横並びの構造を作る

左側にコンテンツ一覧、右側にカテゴリー一覧のリストが並びます。上の画像のいちばん大きい枠がrow、黒い枠がcol-9（col-md-9）、色つきの枠がcol-3（col-md-3）です。

コードは次のように記述します。

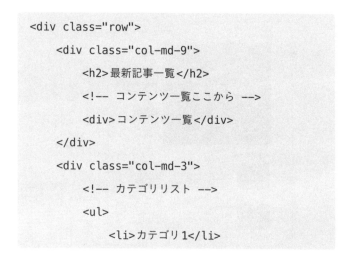

```
<div class="row">
    <div class="col-md-9">
        <h2>最新記事一覧</h2>
        <!-- コンテンツ一覧ここから -->
        <div>コンテンツ一覧</div>
    </div>
    <div class="col-md-3">
        <!-- カテゴリリスト -->
        <ul>
            <li>カテゴリ1</li>
```

```
            <li>カテゴリ2</li>

            <li>カテゴリ3</li>

            <li>カテゴリ4</li>

            <li>カテゴリ5</li>

        </ul>

    </div>

  </div>
```

表示例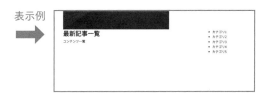

左にコンテンツ一覧、右にサブメニュー（カテゴリ一覧）です。9：3でレイアウトを分けています。

② コンテンツ一覧を、左に画像、右にタイトルとコンテンツに2分割する

大枠のボックスを横に並べたあと、さらに分割するためにcolの中にrowを入れて2列に分割したレイアウトを作っています。箱の中に箱を入れていく感じで、レイアウトをコンテンツの中に応じてHTMLのdivで分けていきます。比率は3（画像）：9（タイトルとコンテンツ）です。

1つの記事がrowで囲われて、それが縦に1記事目、2記事目……と続いていきます。記事のリストになるので、ulとliタグで構成すると、構造がわかりやすいコードになります（今回は理解しやすいようにdivタグで囲っています）。

　このとき、コードの記述例は次のようになります。

```
<div class="col-md-9">
    <h2>最新記事一覧</h2>
    <!-- コンテンツ一覧ここから -->
    <div class="row">
        <!-- 1記事目 -->
        <div class="col-sm-3">
            <img src="images/image01.jpg"
            alt="コンテンツ1" class="img-flu-
            id">
        </div>
        <div class="col-sm-9">
            <h3>大分温泉一人旅</h3>
            <p>親譲りの無鉄砲で小供の時から損ばかり
```

している。小学校に居る時分学校の二階から飛び降りて一週間ほど腰を抜かした事がある。なぜそんな無闇をしたと聞く人があるかも知れぬ。別段深い理由でもない。新築の二階から首を出していたら、同級生の一人が冗談に、いくら威張っても、そこから飛び降りる事は出来まい

```
            </p>
        </div>
    </div>
        <div class="row">
<!-- 2記事目 -->
        <div class="col-sm-3">
            <img src="images/image02.jpg"
            alt="コンテンツ2" class="img-flu-
            id">
        </div>
        <div class="col-sm-9">
            <h3>台湾食巡りツアー</h3>
            <p>親譲りの無鉄砲で小供の時から損ばかり
            している。……（後略）
            </p>
        </div>
```

```
        </div>
    </div>
```

表示例

③ 左右のコンテンツのスタイルをCSSでスタイリング

それぞれ、次のようにクラスを設定しています。

> **0** ブログコンテンツ全体: blog-contents
> 記事一覧：blog-list
> コンテンツ:blog-item
> ブログイメージ:blog-image
> カテゴリリスト(ul): category-list

ちなみに、カテゴリーリストの＞のアイコンはFont Awesomeのchevron-rightを使用します。

フォントサイズ、余白の調整を行ない、次のようなブログ一覧部分が完成します。

便利な画像の切り抜き方法を覚えよう

　固定サイズの指定をすると、画像が画面幅で伸び縮みできなかったり、画像ごとに縦横比が違ったりする場合、別途画像編集をしなくてはなりません。そんなときに使えるのが、次のCSSです。縦横の幅を指定した状態で、画像をその大きさでいっぱいになるようにトリミングしてくれます。

```
object-fit:cover;
```

　上記とあわせて使うと便利なのが、次のCSSで、画像を

4:3に切り抜いてくれています。

```
aspect-ratio: 4/3;
```

この他にも細かいCSS設定をして、画面のデザインを整えていきます。

完成コードをメールマガジンから配布しています。次のリンクから登録し、使ってみてください。

課題：Bootstrapを使ってcode stepの入門編
　　　のコーディングに挑戦してみよう。

https://code-step.com/

ランディングページの
お店を作る

　3か月目の最後、12週目はココナラでランディングページのお店を作ります。

　すでにバナー制作用のお店は作りましたが、それとは別のランディングページ用のお店です。というのも、1つのお店に1つのコンセプトの方がお客さんが利用しやすいからです。

「バナーの制作をします」「Webページを作ります」「Instagram用の画像を加工します」と、できることを1つの店ですべてやろうとすると、お店のコンセプトがぶれてしまいます。

　お客さんからすれば、バナー制作を頼むならバナー制作の専門店のほうがよいと考えるでしょう。幕の内弁当のようななんでも屋ではお客さんにアピールしたいことが明確になりません。運営するほうも、案件の種類ごとにお店が分かれていたほうが管理しやすいというメリットがあります。

案件の種類ごとにお店を分ける

🖥 お店の特徴をアピールする

　ランディングページ用のお店でも何に特化したお店なのかをわかりやすく伝えましょう。作品のクオリティなのか、価格の安さなのか、納品スピードなのか。お店の看板やサービス内容をわかりやすく記入しましょう。

「売上アップ」や「集客力強化」などのフレーズはキャッチーでインパクトがありますが多用は禁物です。誇大広告とまでは言いませんが、自信がないのなら書かないほうが無難です。

　それよりは、バナーのお店のところでも紹介したように、時間があって割といつでもメッセージやメールを確認できるなら「返信が速い」ということをウリにしたほうがよいでしょう。仕事を頼みたい人は、多くの場合、急いでいます。ですから「メールの返信が速いです」「長いLPでも1週間前後で納品可能です」などの速さをうたうことは十分

武器になります（もちろん、自分が対応可能な範囲で、で
す）。

　ほかには、たとえば前職は人材派遣会社で働いていて、
応募してきた人の経歴や強みなどのヒアリングが得意だっ
たなら、「丁寧にヒアリングできます」ということを書いて
もいいでしょう。元Web制作会社で働いていたなら、その
ことも強みになるはずです（仕事の手順や流れをわかって
いる人に頼みたい人も多いはずだからです）。

　このように、人は自分の中にすでに強み、優位性を持っ
ているものです。「できないことをできる」と言うより、自
分の中にあるものを引き出して、強みにしていきましょう。

💻 ポートフォリオ作成サービスを使ってみる

　自分の自己紹介、お店の紹介文がうまく書けない場合、
ポートフォリオの作成サービスを使ってみるという方法も
あります。

　私が利用しているポートフォリオの作成サービスには次
のようなものがあります。

folio（フォリオ）

https://www.foriio.com/

　無料で使え、生年月日や名前を登録すると、自動でポートフォリオを生成してくれます。作品の共有もでき、あとから編集することも簡単です。

3か月目のまとめ

　ここまでで、Web デザイナーの基本スキルであるバナー制作のスキルと、10万円以上稼ぐためのコーディングのスキル、LP制作のスキルについて学んできました。

　理論上は、ここまで学んで理解できれば、あとは案件を受注するだけ。受注した案件をどんどん作っていけば、あなたの望む収入が実現できるはずです。

　とはいえ、実際にお店を作ったもののうまくいっていない、こういうときどうすれば？　という不安もあるかもしれません。次のまとめでは、困ったときどうするか、もっと仕事を広げるにはどうするかなど、3か月目までに書ききれなかったテクニックを紹介します。

超忙しいワーママなのに月5万円の収入アップに成功!

Rumiさん（歯科技工士・3歳と1歳の子どものママ）

 じっくり教われる人を探して運命の出会いが

1人目の育休中に、在宅でできる仕事を始めたいと考え、Webデザイナーという仕事を知りました。歯科技工士の仕事をしているのですが、出社しなければならないお仕事のため、育児との両立が不安でした。家でできるWebデザイナーならその心配がなくなります。とはいえ、勉強を始めようとしたものの、1人目のときは慣れない育児で挫折、2人目の育休中に改めてWebデザイナーを目指すことにし、スクールを探し始めました。

別のスクールにも入ってみたのですが、実感として仕事ができるレベルにはなりませんでした。そこで、もっと丁寧に教えてくれそうな人やスクールを探すうち、MENTAで講師の濱口さんに出会い、相談してみたのです。

🖥 自分に合った働き方で「足りない分」を ラクラク稼げる

　スクールに入って2か月目にココナラで案件を獲得したのですが、受注した際の対応なども教えてもらっていたので安心してやりとりできました。

　その後も着々と案件を獲得でき、気づけばここ最近の副業月収は最低でも5万円を超えています。本業の歯科医院にも勤めていて「あともう少し稼げたら安心」という気持ちで始めた副業なので、自分のペースで必要なだけ稼げるいまの働き方はとても自分にあっていると感じています。

番外編

「もっと稼ぎたい」
「お客さま対応が苦手」
こんなときどうする?

実際に副業を開始してみると、いろいろな悩みや不安が出てきます。副業初心者の「こんなときどうする?」にお答えします!

「もっと稼ぎたい」なら、売上を伸ばすテクニックをまなぼう

　ここからは、いくつかの売上を伸ばすテクニックをご紹介します。

💻 テクニック1：横展開する

　まずは、ココナラからの「横展開」です。

　おすすめはクラウドワークスです。クラウドワークスはWeb制作や動画編集などの求人や案件が掲載されているサイトです。

　Web制作会社の求人情報が多く載っていますし、単発の案件も紹介されています。また、企業がクラウドワーカーを探す際にも使われているので、自分の情報をアップしておけば、企業から声がかかることもあります。

　クラウドワークスの利点は、ココナラより単価が高いこと。ココナラのプロフィールや制作物をクラウドワークスでも流用できます。

クラウドワークス

https://crowdworks.jp/

　Wantedly で、副業やーランス案件を探すという方法もあります。Wantedly の場合、報酬金額は面談しないとわからないので、気になった案件に連絡をすれば、自然と面接のステップに進めるのも利点です。

　フリーランス契約ならお仕事単位なので、物が納品できれば大丈夫です。ポートフォリオ欄があるので、ココナラの実績を流用して作っておくようにしましょう。

　私自身も、Wantedly で定期的に受注するようになりました。

　Wantedly の面接も Zoom 面談がメインで、時間や場所は融通が効きます。また、制作会社などの人と話すことは業界の雰囲気を知ることもできるので、面談はおすすめです。最初は「ダメもと」「業界人と話す」くらいの気持ちで積極的に面接に進んでみてもよいでしょう。

Wantedly

https://www.wantedly.com/

💻 テクニック2：コミュニティに積極的に参加しよう

　本業が忙しくて、または育児や家事に忙しくて、制作会社で仕事の案件を振ってもらうなどはまだ躊躇してしまう。でも、もう少し稼ぎたい……というときは、「コミュニティ」への参加がおすすめです。

　たとえばFacebook上にはフリーのWebデザイナーが集まるコミュニティがいくつもあります。リアルタイムで活発に活動していそうなコミュニティを見つけて参加してみるのがよいでしょう。

　そういったコミュニティでは多くの場合、急な案件や代打が必要になった案件などの募集が行なわれています。「何月何日までにこういったものを納品できる人いませんか」といった感じにです。

　できそうであれば「私がやります」と返信してみるといいと思います。

コミュニティ例
　https://www.facebook.com/groups/
　freelancenow2017

　ただ、SNS上で仕事を融通するのは危険も伴います。受

けるほうも不安ですが、斡旋するほうも不安なものです。ですから「昨日コミュニティに参加してきた人が突然"私できます"と言っても、ちょっと心配だから、昔から馴染みの人に頼もうかな」という現象も起こりやすいです。そうならないためには、コミュニティに参加後、コミュニティの中心者（案件を持っていて、よく仕事を振ってくれる人。もしくはその人が発言すると次々とレスが入る人。コミュニティの運営者とは限りません）を見つけたら、積極的に会話に入るなどして、印象づけておくことは大切かもしれません。

　知らないコミュニティに突然入るのが怖いという人は、私のスクールコミュニティや、この書籍のコミュニティもあるので、ぜひ見てみてください。

AI TECH SCHOOL メールマガジン

書籍コミュニティ

https://media.aitechschool.online/
books/

チームで仕事を回すことを考える

🖥 いろいろなスキルを持つ人と組んで大型案件を受注

　ここまでは個人で仕事を増やすことについて考えてきました。

　ここからは「チーム」で仕事を増やし、回していく提案です。仕事が軌道に乗ってきたらぜひ考えてみてください。

　チームで仕事を回すとは、Webエンジニア、ライターさんなどとつながって、「Webサイト1件まるまる受注できる」ような体制を整えるということです。

　バナーだけよりLPも作ったほうが単価が上がりますが、もっと高額な収入を得ることができるのが「Webサイトの受注」です。

　そのためには本格的にサイト構築できるエンジニアや、各ページのテキストを書くWebライターとの協力が不可欠です。言い換えれば、そのチームを作れさえすれば、大型案件を受注できるのです。

チーム作りの際は、やはり、ある程度信用がおける人を選ぶべきです。そのためにはコミュニティに参加したり、知人のつてをたどったりして、「この人なら大丈夫」と思える人を見つける工程が大切になってきます。

「売り込み」ではなく「顧客へのフォロー」を欠かさない

　また、大事なのが営業です。チームを作っても、仕事がなければ話になりません。

　では、どのように、誰に対して営業をすればよいかというと、自分が過去に仕事を受けたクライアントさんがいちばん手っ取り早いでしょう。

　2か月目のところでも、「顧客フォロー」のやり方と必要性をお話ししました。その顧客フォローのメールに「最近、Webサイト構築を始めました。ご興味を持ってくださったらぜひご連絡ください」と一言添えるだけでもよいのです。

　Web業界は、つねに人が足りていない状況です。仕事は山ほどあって「できる人を探している」ものなので、「え、Webサイト構築をできるなら頼もうかな」と考えるクライアントも大勢いるはずです。

　また、各種SNSに広告を出すなども案外効果があります。

もっと楽して稼ぎたい！ ならノーコードLPを作ってみる

「HTMLやCSSを触ってみたけど、どうも性にあわない」「デザインは好きだけどコーディングはあまり好きじゃない」とお嘆きのあなたに試してほしいことがあります。実はコードを書かなくてもWebサイトが作れる裏ワザがあるのです。その名も「ノーコードツール」です。その名の通りHTMLやCSSを書かずにWebサイトを作れるツールです。

ココナラにはノーコードツールを使ってWebサイト制作の仕事を受けている人も大勢います。ノーコードだから必ずしも仕事の単価が安いというわけではありません。むしろ強気の値段設定でビジネスをしている人もいます。それくらいノーコードで作ったWebサイトは完成度が高いと言えます。

一般人からすれば「このWebサイトがどうやって作られているのか」と考えることはあまりないので当然とも言えます。ただし、少しWebにくわしい人ならノーコードで作

っていることがわかりますので、お客さんのターゲットが狭くなると思いますが、試す価値は保証します。

 ## STUDIOがおすすめ

そんな便利なノーコードツールの中でも、私がおすすめするのはSTUDIOです。

STUDIO

https://studio.design/ja

STUDIOを使用すれば、ドラッグ＆ドロップでコンポーネントを組み合わせるだけで、Webサイトのデザインやブログのような記事を管理できるサイトを構築できます。

ここまででコーディングの技術をお伝えしてきましたが、「コードがいらないのだったら、これでいいじゃん」と思う方もいるかもしれません。しかし、ノーコードツールはそのツール内でしか編集できないので、STUIOで作ったサイトを違うサーバーに引っ越ししたり、違う機能を追加することはできません。コードのデータをダウンロードすることもできないので追加で機能を足したい場合、デザイン

を変えたい場合も、STUDIO内でしか編集できません。

　つまり、サイト制作の案件を受け、STUDIOのようなノーコードツールで制作すると、クライアントもSTUDIOのアカウントを作って、その中でデザインの作成をしていくことになります（これにはメリットもあり、コードを触らなくてもデザインを変えられるので、クライアントさんでも編集が可能です）。

　さまざまな案件に対応するとなると、コーディングは必須の技術になります。しかし、簡単にサイトを作ってほしいという中小企業や個人事業主、スタートアップ企業などのニーズに対応するなら、開発コストがかからないノーコードツールでの制作が好まれる場合もあります。副業の案件でもSTUDIOでのデザイン制作のお仕事はいっぱいあるので、ぜひツールを使いこなせるようにしておきましょう。

手順1：STUDIOを使ってポートフォリオを作ってみよう

　こちらのサイトからまずは、無料で始めましょう。

　Googleアカウントがあれば簡単に始められます。PhotoShop、Figmaと同様、レイヤーを重ねていきサイトを制作していきます。新しいプロジェクトを作って制作していきましょう。

空白を選んで、プロジェクトの名前を入力して始めていきます。

作業スペース

左下のレイヤーボタンをクリックしてレイヤーを操作しながら進めていきましょう。

　はじめに、＋追加ボタンからboxを選んで配置します。いろいろなテンプレートのパーツもあるので、活用しながらレイアウトを制作します。

　STUDIOでもコーディング（HTML/CSS）でサイトを作る場合もデザインカンプをまず作ってから始めてください。適当にパーツを組みあわせても形としてはできるのですが、きちんとデザインされたものではないので、コンセプトがずれていきやすいためです。

手順2：Figmaで作ったランディングページを STUDIOで再現する

　Figmaでランディングページのデザインを制作したので、そこから画像を書き出してそれぞれのパーツを配置していきましょう。

　Figmaでの画像の書き出しは、書き出したいレイヤーまたはグループ、コンポーネントを選んで右下のエクスポート欄から書き出しします。書き出したい画像ごとにグループにまとめておくといいでしょう。まとめて書き出しも可能です。

　グループ名がそのまま画像の名前になるので、英語や数字で名前を振っておくとコーディングで使う場合もそのまま使用できます。

❶ header-textをエクスポートする

ヘッダーの見本

　ヘッダーを作っていくので、背景の画像を画面いっぱいに配置してみましょう。

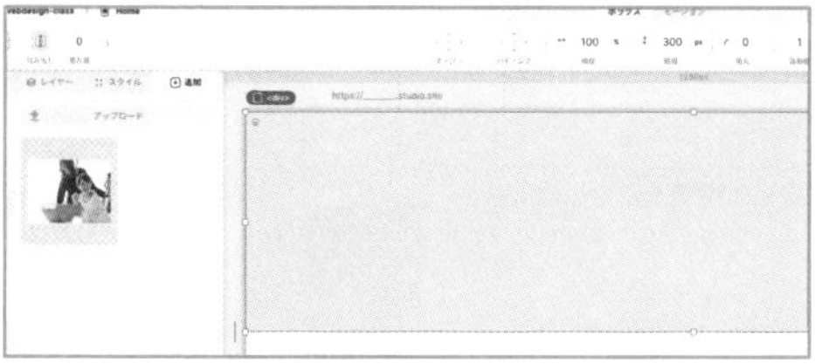

divのボックスを追加したら、横幅を100%にしてそこに画像を配置します。高さもある程度ないと配置ができないので、300pxとしています。

書き出した画像をSTUDIO上に配置

画面上に画像をドラッグ&ドロップすると画像がアップロードパネルに出てきます。それを先ほど作ったdivのboxに配置します。今回は画像を右寄せに配置するので右側の位置に配置してみます。

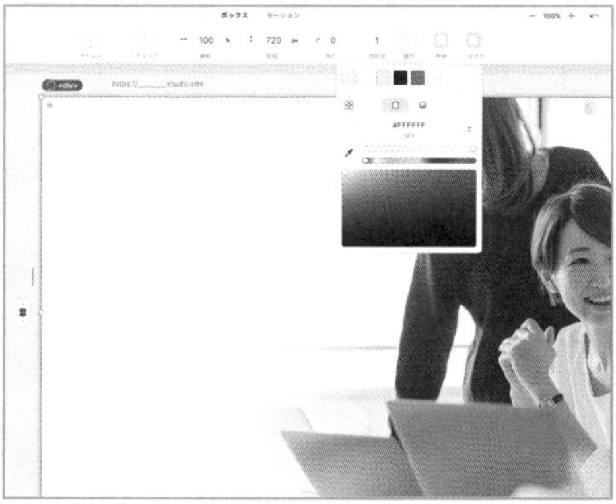

画像の大きさは80%くらいに調整して配置しています。px（ピクセル）で指定してもいいのですが、画面幅によって拡大縮小してほしいのでパーセントで指定します。

次にレイヤーパネルを表示させてimageのボックスの親のboxを選択し、高さを指定します。高さは固定でもいいので、720pxとします。背景の塗りも白にしたいので、右上のパネルから塗りを#ffffffの白に設定しています。

今回は背景を右端に固定してその上にテキストの画像を配置したいので、背景画像を絶対位置（固定の位置）に配置します。

　ブロック構造は変わらないので、コーディングの考え方でレイアウトを作っていくことが大切です。

　上記の画像でも、レイヤーパネルにもdivやタグが表示されているのが分かるはずです。ノーコードで作るにしてもHTML/CSSでサイトは構成されるので、結局コードがわかったほうが、レイアウトを操作しやすく、きちんと画面サイズに応じた制作ができます。

テキストが背景画像に隠れてしまう場合は、重ね順を背景画像よりも大きい数字で入れると手前に配置されます。CSSで言うと、z-indexです。今回は背景画像を常に後ろに入れたいので、-3の値を設定しました。

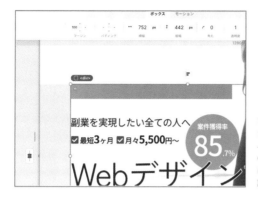

テキストの画像のボックスに上のパネルにあるマージンの左の値は100pxに設定して余白を設定しています。

❷ テキスト下のボタンを制作する

追加のパネルに FormParts の Button があるので、使ってみましょう。

Buttonをドラッグして画像の下に入るように配置します。ボックスの大きさはテキスト画像のボックスと同じにして、マージンの左は上記と同様に100pxに設定。塗りの色はFigmaのボタンのカラーコードをコピーして設定しています。

STUDIO でも CSS の設定は同じなので、角丸の大きさも調整します。

アイコンも追加パネルから icon をダブルクリックすると一覧か

ら選ぶことができます。

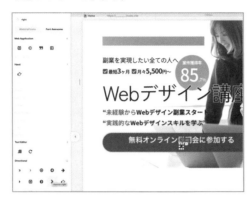

今回は、Font Awesomeから rigt で検索して、chevron-rightを選んでいます。また、iconの位置も絶対位置にして右20px、上20pxの位置に配置して色を白にします。

❸ 画面の大きさを選ぶ

画面上部オプションバーの下に画面の大きさを選ぶ箇所があるので、390pxの大きさを選んでみます。

そうするとスマホ画面に切り替わり、レイヤーパネルからレスポンシブを選ぶとスマホ画面やタブレット画面の調整ができます。

スマホ画面（またはタブレット）とPCで左上の目玉ボタンで表示、非表示をレイヤーごとにコントロールができます。スマホの画面のときだけ違う画像を表示することもできるので、スマホ用の背景画像（縦長バージョン）もFigmaから書き出して使用しています。

❹ フォントや色を指定する

STUDIOもコーディングと同じようにGoogle Fontsが使えます。スマホ版のタイトルは、NotoSansJPを検索して使用しています。

グラデーションの設定もFigmaを元に塗りをグラデーションにして、それぞれカラーを設定しています。

PC版完成見本

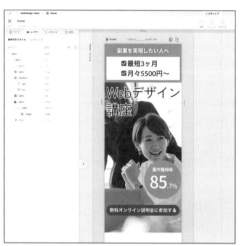
スマホ版完成見本

　今回はヘッダーだけ作成してみました。

　STUDIOはコーディングを理解した上で触ると、位置の調整やレイヤー構造に戸惑わないで使えます。

「ノーコードを使えばコーディングがいらなくなる」と思う人は多く、私自身、「コードが苦手ならノーコード」と説明しましたが、「ノーコードなら全くコードを知らなくてもいい」ということではありません。実際の表示はコーディングで制御されているので、ある程度、コーディング学習をしておくことは大事です。

　ただ、コードを書かない分早くサイト構築ができるので、納期が早い制作案件や、単価を抑えて作成したい場合

は、クライアントにSTUDIOでの制作を依頼してもいいか
もしれません。また、苦手意識があって0からコードを書
くのは心配だけど、なんとなくコードについて理解はし始
めているという状態なら、ノーコード案件を引き受ける
と、仕事の幅が広がります。

　次のQRコードよりFigmaの完成データを
配布しています。メールアドレスを登録する
とダウンロードできます。

「わからない！」が多いならスクールに参加する

　本書を読んでWebデザインの仕事を始めてみたものの、作り方がわからない。これであっているのか不安。なかなか仕事を受注できない……始めたものの、わからない、不安、そう言うことは多いはずです。

　そんな方におすすめなのが、「オンラインスクール」や「コミュニティ」に入ることです。しかし、コミュニティの場合はどちらかというと仕事の融通の場であることが多く、プロのWebデザイナーであることが参加条件の場で、「わからないんですけど」と発言するのは、正直勇気がいります。

　それよりは、はっきりと「教えます」と公言しているオンラインスクールや、私もメンターとして活動しているメンターサービス「MENTA」などを頼ったほうがよいかもしれません。

　ちなみに私が主宰するオンラインスクール、「エーアイテックスクール」には「独学で学んだけどよくわからない」「プロとして活動していけるか不安」という方が実際に多

く入学されています。スクールでは制作物を本数無制限で添削して指導したり、仕事上のノウハウもざっくばらんにお伝えしています。生徒同士の交流も活発なので、同じ立場の人と悩みや情報を共有することもできます。

AI TECH SCHOOL

https://aitechschool.online/trial/

　メンターサービス「MENTA」はその名の通り、自分だけのメンターを探せるサイトです。お試し相談は30分1000円程度から、という方式が多いです。相談しやすい人を見つけたら、不安なことはなんでも聞け、教えてもらえるので、スキルが身につきやすいです。

MENTA

https://menta.work/

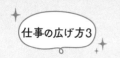

「教える」を仕事にしてみよう

　最後に、「もっと稼ぎたい」場合にこんな方法もある、ということで「教える」を仕事にするという提案をします。

　これはまさに私がたどってきた道筋なのですが、私の場合、独立してWebデザイナーとして働き始めたのちに、ストアカやメンタで教える側としての仕事を始めました。

　メンタの場合は、副業サポートメンターとして活動しています。

　つまり、初心者の方がWebデザインの仕事でつまずいたときに、1000円で30分間、アドバイスをするという仕事です。いま、メンタのデザイン部門でスコア総合1位（約75,000）というありがたい評価もいただいています。

　私が特別な技術を持っているから教えられるのだと思われた方もいるかもしれませんが、それは誤解です。

　私が人に教える仕事＝メンターを始めたのはフリーランスとして独立してすぐ、ストアカから講座を始めたのがきっかけです。その後2年後にMENTAのサービスを知り、そこでオンラインで相談を受けていきました。1人で一通

りの仕事を問題なく回せてはいましたが、ほかのWebデザイナーに比べてずば抜けて才能があったとか、すごい賞をとったとか、そういうわけではありません。

　しかし、考えてもみてください。

　相手はWebデザイナーを始めたばかりで困っている人です。その、言葉は少し悪いですが「ほぼ未経験の人」がわからないことは、5年も経験があれば十分教えられるのです。いえ、私の場合たまたま5年目に始めたというだけで、5年も待つ必要はありません。2、3年仕事をしていれば十分教えられるのではないでしょうか。

　教える側に回るメリットは、自分を中心としたコミュニティが作れるということです。生徒が増えていけば、自分がとってきた案件を振ることもできるので、より多くの案件を引き受けられるようになります。

　また、バナーを作るのがうまい人、LPを作るのがうまい人、コードが好きな人……というように、いろいろな生徒を集めることで、Webサイト構築のような大型の仕事を受けることも可能になります。

　また、単純に教える側のほうが単価がよいという面もあります。すべての業界に通じるはずですが、「教わる人」より「教える人」のほうがより多くの収入を得ることができます。

また、「人に教える」ということは、自分の持っている経験やスキルを「言語化して伝える」ということでもあります。人に教えることで、自分の中でも知識やスキルを整理でき、自分の経験値も上がっていきます。

　もし、デザイナーとしてものを作るだけでない仕事をしたいと感じているなら、教える側に回るという選択肢も持っておくといいでしょう。

濱口まさみつ（はまぐち まさみつ）

Webデザイナー／フリーランス育成メンター。岡山県立大学デザイン学部卒業。デザイン事務所勤務ののち転職。働きながらWebデザインの仕事を副業で始め、独立。現在はWeb制作会社を運営しながら、オンラインスクールAI TECH SCHOOLを運営し、Webデザイナーの育成をしている。また、スキルシェアサービス「MENTA」を中心に、実践的なノウハウを教えるメンターとしても活動中。丁寧にWebデザインの技術を教えるとともにプラットフォームでの作品のポートフォリオ設計や仕事の取り方、稼ぎ方までもフォローし、デザイナーを目指す人々をサポートしている。

副業でもOK！ スキルゼロから3か月で月収10万円

いきなりWebデザイナー

2023年5月1日　初版発行
2023年12月20日　第3刷発行

著　者　濱口まさみつ　©M.Hamaguchi 2023
発行者　杉本淳一

発行所　株式会社日本実業出版社　東京都新宿区市谷本村町3−29 〒162-0845
　　　　編集部 ☎03-3268-5651
　　　　営業部 ☎03-3268-5161　振 替　00170−1−25349
　　　　https://www.njg.co.jp/

印 刷／木元省美堂　製 本／若林製本

ISBN 978-4-534-06009-9　Printed in JAPAN

おうちでカンタン！　はじめる・稼げる
「オンライン起業」の教科書

誰もが「オンラインで稼げる」時代が到来！　自分が得意なことを見つけ、商品やサービスにし、オンラインで売上を伸ばしていく「オンライン起業」。ゼロからスタートして、着実に売上を重ね、起業を波に乗せるまでの方法を第一人者がわかりやすく教えます。

山口朋子
定価 1650 円（税込）

法律・お金・経営のプロが教える
女性のための「起業の教科書」

自宅やシェアオフィスなどを活用して起業する女性が増えています。しかし、ブームにのって安易に手を出すとトラブルや落とし穴も！　本書は「好きなこと」「得意なこと」を仕事として続けられるよう、しっかり稼ぐためのノウハウや実務をプロが指南します。

豊増さくら　編著
定価 1650 円（税込）

月5万円を安定的に稼げる
55歳からの副業アフィリエイト

50代、60代と、時間にゆとりが生まれる中、楽しくアウトプットをしてアフィリエイトで安定的に稼ぐ方法を第一人者が指南します。多くの成功者を生み出した、「わかりやすくて、実践的すぎる」と大好評のノウハウを惜しみなく公開！

Teresa さくまかずこ
定価 1760 円（税込）